LES FILONS D'OR

DE

LA GUYANE FRANÇAISE

LES FILONS D'OR

DE

LA GUYANE FRANÇAISE

FORMATION GÉOLOGIQUE. — TRAVAUX DE RECHERCHE

CONSÉQUENCES DE L'EXPLOITATION FILONIENNE

PAR

L. FERNAND VIALA

INGÉNIEUR CIVIL DES MINES

ANCIEN ÉLÈVE DE L'ÉCOLE POLYTECHNIQUE

PARIS

LIBRAIRIE POLYTECHNIQUE

BAUDRY ET Cⁱᵉ, LIBRAIRES-ÉDITEURS

RUE DES SAINTS-PÈRES, 15

MÊME MAISON A LIÉGE

1886

LES FILONS D'OR

DE

LA GUYANE FRANÇAISE

PRÉLIMINAIRES

Généralités sur les Guyanes. — Guyane française; relief du sol. — Alluvions et recherches de filons aurifères. — Utilité des observations sur plusieurs districts. — Intérêt scientifique des recherches. — Théorie déduite des observations comparées. — Recherches basées sur la possibilité de l'exploitation.

Généralités sur les Guyanes. — La Guyane française fait partie du groupe des quatre Guyanes qui séparent, sur la côte septentrionale de l'Amérique du Sud, l'empire du Brésil de la République du Venezuela. La Guyane venezuelienne seule, sur la rive droite de l'Orénoque, fait partie de ce dernier État; elle est séparée par un terrain neutre de la Guyane anglaise, qui est limitée de l'autre côté par la Guyane hollandaise. Enfin, la Guyane française, à l'est de celle-ci, est elle-même bornée à l'est par un territoire qui s'étend jusqu'au fleuve des Amazones, et qui depuis le traité d'Utrecht (11 mai 1713) reste contesté entre la France et le Brésil (1).

1. Cette zone neutre qu'on appelle *Territoire contesté* est très étendue et semble n'être pas moins fertile que les Guyanes proprement dites, si on en juge par ses produits que des bateaux voiliers importent de temps à autre à Cayenne. Aussi espérons-nous que les considérations qui vont suivre sur

La Guyane vénézuélienne est déjà bien connue par sa richesse aurifère : c'est en effet au centre de cette province, sur le district du Caratal, qu'on exploite de riches filons dont le plus important appartient à la Compagnie *el Callao*. Les mines sont situées dans une contrée montagneuse et boisée; mais le reste de la province, surtout en se rapprochant de l'Orénoque et de la mer, présente alternativement des forêts vierges et de grandes savanes.

La Guyane française est aussi connue depuis plus de vingt-cinq ans par la production de ses alluvions aurifères. Mais les deux autres colonies, hollandaise et anglaise, surtout celle-ci, ont hésité jusqu'à aujourd'hui à sacrifier leurs ressources agricoles à la recherche du métal précieux; et, favorisées par une meilleure administration, leurs villes principales, *Surinam*, qui compte près de 30.000 habitants, et *Demerari*, qui en compte environ 90.000, jouissent actuellement d'une prospérité qui contraste beaucoup avec la population décroissante de *Cayenne*, chef-lieu de notre colonie, réduite à 8 ou 10.000 habitants.

Cependant les trois colonies, dont le sol diffère notablement comme relief de celui de la Guyane vénézuélienne, ont à peu près le même climat, partant la même fertilité; et si l'on compare la situation géographique et la position de leurs chefs-lieux, l'avantage est tout à la Guyane française qui seule possède un véritable port de mer (1). D'autre part, les alluvions de la Guyane hollandaise donnent déjà lieu à une certaine production d'or, et il est fort probable que la Guyane anglaise, jusqu'à ce jour moins explorée, ne sera pas moins riche. Ce que nous allons dire de la

l'avenir industriel et agricole de la Guyane française deviendront un prétexte pour la reprise des négociations entre la France et le Brésil qui ont intérêt, aujourd'hui plus que jamais, à régler d'un commun accord la situation politique de ce territoire.

(1) La ville et le port de Surinam sont à plusieurs kilomètres dans l'intérieur des terres, sur la rivière de même nom. Demerari est aussi sur une rivière, mais beaucoup plus rapprochée de l'embouchure; cette position dans des terres très basses a nécessité de grands travaux pour l'établissement et surtout pour l'assainissement de la ville. La grande prospérité de ces deux villes dans des conditions d'infériorité aussi marquées, donne une idée de ce qu'on aurait pu et qu'on peut encore faire à Cayenne, bâtie sur un rocher au bord de la mer et qui possède, en outre, un port naturel susceptible d'être parfaitement aménagé.

Guyane française et de ses filons aurifères pourrait donc très bien s'appliquer, dans un avenir prochain, aux colonies hollandaise et anglaise ; aussi souhaitons-nous vivement que notre colonie, qui présente aujourd'hui une infériorité notable au point de vue agricole (1), ne se laisse pas du moins devancer par ses voisines au point de vue industriel.

Guyane française ; relief du sol. — La Guyane française, comprise entre 2° et 6° de latitude nord, et entre 52° et 57° de longitude ouest du méridien de Paris, présente cette particularité remarquable que la ligne de déclinaison magnétique nulle la traverse à peu près suivant le cours du fleuve la *Mana* : les relevés géographiques peuvent donc y être faits à la boussole, sans correction et très approximativement, notamment pour le bassin de la *Mana*. Elle présente à peu près la forme d'un triangle ayant près de 500 kilomètres de base sur l'Atlantique, mais dont la hauteur est beaucoup plus difficile à déterminer : les explorations dans l'intérieur n'ont pas dépassé en général 2 à 300 kilomètres.

A l'exception des établissements miniers, la population, qui pour toute la Guyane ne dépasse guère 25.000 habitants, occupe une superficie d'environ 1.300.000 hectares, et forme quatorze quartiers, dont les chefs-lieux sont généralement sur les fleuves et à proximité des embouchures.

Huit fleuves principaux : le *Maroni*, qui limite la colonie à l'ouest ; la *Mana*, le *Sinnamary*, le *Kourou*, le *Mahury* (formé par la *Comté* (2) et l'*Oraput*), l'*Approuague*, l'*Ouanary* et l'*Oyapock*, qui sert de limite à l'est, et d'autres moins importants traversent avec une pente insensible les *terres basses*, qui avoisinent la côte sur une largeur de 30 à 40 kilomètres environ, à peine interrompues par

(1) Cayenne n'exporte, pour ainsi dire, aucun produit d'agriculture ; sans parler des denrées qu'elle doit nécessairement importer d'Europe ou de l'Amérique du Nord, elle est même obligée d'avoir recours à Surinam et à Demerari pour certains produits de consommation qu'elle pourrait très bien obtenir sur son territoire.

(2) De la Comté se détache, au-dessus de son embouchure et vers l'ouest, un bras de rivière, d'où résulte une sorte de grand delta ; et c'est à la partie occidentale de l'île triangulaire ainsi formée qu'est située la ville de Cayenne.

quelques *mornes* ou pointements montagneux, surtout aux environs de Cayenne. Mais en amont de cette zone, où se font sentir le flux et le reflux de la marée, la pente devient de plus en plus forte, et les fleuves présentent de distance en distance des sauts et des rapides que les canots chargés ont souvent beaucoup de peine à franchir. A mesure qu'on s'avance dans les *terres hautes*, les affluents et sous-affluents deviennent aussi plus nombreux, présentant toujours, à cause de la nature argileuse du sol, un caractère torrentiel. Les affluents de deux bassins se réunissent parfois à leur source, formant ainsi des lacs ou des marais.

L'orographie complète de la Guyane ne serait pas moins difficile à établir que son hydrographie : la surface des terres hautes n'est, en effet, qu'une succession indéfinie de collines dont les hauteurs, du sommet à la base, vont en augmentant avec l'altitude des thalwegs. Les chaînes de partage entre les principaux bassins forment d'ailleurs un système de contre-forts qui descendent à peu près du sud au nord et partent, comme les grands fleuves, de la chaîne est-ouest de *Tumuc-Humac*, dont les sommets ont une altitude présumée de 1.200 à 1.500 mètres.

Tout le sol de la Guyane est couvert par une végétation, abondante et touffue dans les terres basses et au fond des vallées, où dominent les bois tendres et les plantes de marécages, abondante aussi mais surtout puissante sur les hauteurs, où se trouvent principalement les bois durs, entre autres des essences très estimées, et en outre de nombreux palmiers et une grande variété de lianes.

Alluvions et recherches de filons aurifères. — Depuis la découverte de l'or, en 1853, dans le bassin de l'Approuague, par un Indien émigré du Brésil nommé Paoli, la Guyane française a vu s'accroître sa production annuelle d'or par les alluvions jusqu'en 1875, époque à laquelle le chiffre officiel, inférieur au moins de 25 0/0 au chiffre réel, était d'environ 1.800 kilogs. Cette production, dont la totalité à peu près se rapportait aux cinq bassins du Maroni, de la Mana, du Sinnamary, de l'Oraput et de l'Approuague, n'a été dépassée qu'en 1879, mais est restée en moyenne sensiblement plus faible de 1876 à 1885, et nous estimons qu'elle tend à décroître de plus en plus.

Presque tout le territoire, en effet, a été exploré par des prospecteurs expérimentés, pour qui la topographie du terrain, la nature du sol, quelquefois même la végétation constituent des caractères de richesse ou du moins de stérilité qui les dispensent souvent de chercher la couche alluvionnaire en profondeur. D'autre part, cette couche non seulement n'existe que dans le fond des vallées en raison de sa formation très récente, mais elle est aussi bien loin d'être toujours exploitable, et n'est généralement riche que sur de faibles étendues, quelques centaines de mètres au plus suivant la direction de la vallée dont la largeur moyenne dépasse rarement 15 à 20 mètres.

L'exploitation alluvionnaire ne pouvait donc, en Guyane, présenter un caractère de longue durée, et les mineurs se sont si bien rendu compte de ce fait que dès 1872 on s'est préoccupé de l'existence des filons d'or qui devaient avoir donné naissance aux alluvions. A ce moment, les filons du Venezuela commençaient bien à être exploités, mais en Californie les recherches filoniennes dans le district alluvionnaire proprement dit étaient déjà et devaient rester infructueuses. Aussi, malgré la découverte d'affleurements quartzeux, d'ailleurs inexploitables et le plus souvent stériles, quelques ingénieurs émirent-ils l'opinion que les alluvions riches devaient provenir de filons très éloignés, situés au moins sur les sommets de la chaîne de Tumuc-Humac. Mais les propriétaires de placers, que cette opinion était loin de satisfaire, firent entreprendre par d'autres ingénieurs des recherches qui, mal conduites ou exécutées seulement sur des filons stériles à affleurement visible, restèrent naturellement sans résultat et étaient abandonnées lorsque pour la première fois nous fûmes appelé en Guyane, en mai 1883.

Utilité des observations sur plusieurs districts. — Notre première étude a porté sur les alluvions d'un placer, dans le bassin du Kourou (1), où leur exploitation était à peine commencée, mais où la prospection faite sur une dizaine de *criques* ou

---

(1) Ce placer, qui venait d'être découvert et prospecté tout récemment, est le placer *National*, aujourd'hui en pleine production. Nous n'avons pu, du reste, faire là aucune étude sur les quartz de filons que nous étions chargé dans la même mission d'examiner sur le placer voisin *Espoir* (bassin de la Comté).

rivières promettait de très beaux résultats. Nous avons pu ainsi bien étudier la couche alluvionnaire, sa composition, son allure et surtout les grandes variations, quelquefois très brusques, de sa richesse : de ce premier examen est ressortie pour nous la conviction que les alluvions récentes n'avaient pas été roulées, du moins sur un long parcours, et que les filons qui leur avaient donné naissance devaient, par conséquent, se trouver dans le voisinage immédiat, c'est-à-dire que leurs affleurements devaient traverser ou suivre sur un des versants le cours même des rivières enrichies.

Les premiers affleurements, comme les premiers quartz d'alluvions à mouches d'or visibles, qu'il nous a été donné d'observer, nous ont fait craindre à la vérité que les alluvions ne fussent seulement le résultat de la désagrégation des têtes de filon appartenant à une formation que nous avions étudiée auparavant dans l'Uruguay, et qui est caractérisée par une grande richesse à la surface, mais par la stérilité la plus complète en profondeur ; dans cette hypothèse, la partie la plus riche des filons ayant servi à former les gisements alluvionnaires, l'exploitation filonienne en Guyane n'aurait pu avoir qu'une durée très limitée.

Heureusement, l'Uruguay n'avait pas été notre seul champ d'observations antérieures, et nous avions également étudié le district de la Guyane vénézuélienne, dont les filons riches n'ont pour ainsi dire pas d'affleurement apparent, et n'ont présenté dans bien des cas une puissance et une richesse exploitables qu'à partir de vingt ou vingt-cinq mètres de profondeur. C'est grâce à cette connaissance antérieure des caractères de formations filoniennes essentiellement différentes, et aussi encouragé au début même de notre séjour en Guyane par l'observation fortuite de quelques quartz roulés du bassin de la Comté, présentant à l'œil la texture et le faciès, et accusant, à l'essai seulement, la richesse des minerais traités au Venezuela, que nous avons pu diriger convenablement nos recherches.

Il résultait d'ailleurs de la constatation d'analogies aussi dissemblables, que le district guyanais devait posséder au moins deux formations filoniennes distinctes : nous nous sommes dès lors attaché à laisser de côté les quartz dont le faciès ne pouvait nous faire espérer qu'une richesse filonienne superficielle, pour rechercher uniquement la source des quartz présentant des indices de richesse continue en profondeur, et c'est ainsi que nos travaux ont été couronnés de succès par la découverte, en 1884 et 1885, de plusieurs filons exploitables.

Intérêt scientifique des recherches. — Le but que nous nous sommes proposé, en écrivant les instructions qui vont suivre, est surtout de faciliter la tâche à tous ceux qui voudront entreprendre des recherches de filons d'or, notamment dans les Guyanes, et qui n'auront pas à leur disposition tous les éléments qui nous ont assuré le succès, c'est-à-dire qui n'auront pas étudié auparavant des formations filoniennes aurifères aussi dissemblables que celles de l'Uruguay et du Venezuela. Pour suppléer à cette expérience pratique, nous avons dû en conséquence faire précéder nos instructions, sur la recherche proprement dite des filons, d'un exposé sommaire des observations relevées pour la plupart sur nos propres travaux dans chacun de ces districts.

Nous adopterons dans cet exposé l'ordre chronologique de nos voyages dans l'Uruguay et le Venezuela, qui répond d'ailleurs à la succession de nos impressions d'abord défavorable, puis favorable en Guyane française (1). Nous serons ensuite conduit à comparer entre elles ces diverses observations et à les rapporter, non plus à des districts différents, mais à des formations filoniennes différant non seulement par l'âge, mais aussi et surtout par les circonstances qui ont accompagné le remplissage des fissures.

Ces observations n'ont pas seulement un intérêt pratique ; et bien que la recherche des filons, surtout quand il s'agit d'un métal

(1) Sur les deux premiers placers que nous avons étudiés au point de vue filonien, *Espoir* et *Elysée*, nous avons pu laisser voir tout d'abord une impression défavorable, heureusement bientôt modifiée : les directeurs de placers, en effet, ne connaissant pas encore les types de quartz riches sans or visible, s'attachaient à nous signaler les points où on avait trouvé quelques mouches d'or, isolées au milieu d'une masse de quartz stériles, et nullement ceux où nous avons été assez heureux pour rencontrer la véritable richesse. Nous aurons occasion de parler d'une certaine zone guyanaise, sur laquelle même une simple visite du terrain ne saurait plus aujourd'hui nous impressionner défavorablement, parce que la plupart des quartz qui ont donné à nos essais les meilleurs indices, proviennent des placers situés sur cette zone.

précieux, soit par elle-même assez attrayante, il n'est pas superflu de se proposer dans cette recherche un autre but que la découverte d'un minerai très riche ou du moins exploitable avec bénéfice. Nous voulons parler de la recherche et de l'étude faites en vue de connaître les lois de la formation des fissures et de leur remplissage.

Cette considération est sans doute d'ordre purement technique, mais elle nous a beaucoup aidé dans la poursuite persévérante de nos travaux quelquefois infructueux au début, et par cela même se rattache à notre sujet principal.

Théorie déduite des observations comparées. — Nous ne prétendons pas que les lois de la formation des filons puissent jamais résulter mathématiquement des observations pratiques; mais, comme dans tous les phénomènes anciens d'ordre naturel, prenant pour point de départ une hypothèse suggérée soit par des connaissances théoriques antérieures, soit par l'observation directe de phénomènes analogues qui se produisent sous nos yeux, on peut établir *à priori* une loi dont les conséquences devront être contrôlées par le plus grand nombre possible d'observations.

Pour la *formation des fissures*, l'opinion générale est qu'elles résultent des soulèvements de l'écorce terrestre, produits par une force intérieure, soulèvements qui peuvent présenter leur maximum d'intensité sur un point ou sur une ligne de la calotte sphérique, et qui entraînent, à cause de la rigidité de cette dernière, sur la circonférence ou sur les versants ainsi développés, des soulèvements et affaissements secondaires, accompagnés de déchirures plus ou moins régulières et quelquefois de glissements de terrain suivant les plans de rupture.

Quant au *remplissage des fissures* filoniennes ainsi formées, on a fait pour l'expliquer des hypothèses très différentes : les *éruptionistes* assimilent ce phénomène à celui des volcans et admettent que le remplissage est le résultat de la condensation directe de vapeurs plus ou moins complexes émises des profondeurs de la terre dans les cheminées filoniennes : les partisans de la voie aqueuse se refusent à admettre que la nature ait pu produire des phénomènes qu'elle ne produit plus, et dont ils ne peuvent obtenir la reproduction dans leurs laboratoires (1), et font dès lors intervenir une double action : dissolution de matières minérales et métalliques puisées dans des couches plus ou moins profondes, et sédimentation de ces eaux soit dans les fissures pour les filons, soit à la surface pour les alluvions. Enfin on invoque aussi une explication mixte, une sorte de formation geysérienne.

Ces divers systèmes s'appuient sur un certain nombre d'observations et de considérations que nous ne nous proposons pas de discuter dans ce travail ; nous estimons d'ailleurs que l'une ou l'autre opinion peut encore être soutenue aujourd'hui : le problème ne saurait être définitivement résolu que lorsque le travaux souterrains auront atteint en profondeur un développement que nos procédés actuels, déjà pourtant bien perfectionnés, ne nous permettent pas d'obtenir. Et ne pourrait-on point aussi admettre que chacune des hypothèses est compatible avec la nature, dont les phénomènes sont produits par des agents si variés, même en ce qui concerne le globe terrestre?

Quoi qu'il en soit, nous ne cacherons pas notre préférence pour le système du remplissage par vapeurs, qui nous semble, du moins en Guyane, rendre parfaitement compte des caractères essentiellement différents des formations filoniennes et de la grande irrégularité de la couche alluvionnaire.

D'ailleurs, c'est dans les idées théoriques énoncées à la suite de nos observations que nous avons trouvé pour nos recherches un puissant auxiliaire, et notre préférence est suffisamment motivée aujourd'hui par le succès de ces recherches.

Recherches basées sur la possibilité de l'exploitation. — Après avoir exposé et comparé brièvement toutes les observations que nous avons enregistrées sur trois districts aurifères, et après avoir énoncé la loi de formation hypothétique, mais que ces observations confirment cependant en tout point, nous donnerons avec quelques détails toutes les intructions pratiques

---

(1) Un des principaux arguments invoqués contre les *éruptionistes* est que le quartz ne peut être réduit en vapeurs ; il serait plus exact de dire que nous ne pouvons, du moins encore, obtenir la vapeur de quartz.

nécessaires pour entreprendre et mener à bien, s'il y a lieu, la recherche des filons aurifères dans la Guyane française.

Enfin nous ferons suivre ces instructions de quelques considérations économiques sur l'exploitation elle-même : il importe, en effet, avant d'entreprendre des recherches sur un point donné de s'être assuré en premier lieu que l'exploitation filonienne sera possible, et en second lieu de connaître, du moins approximativement, dans quelles conditions le minerai sera exploitable, c'est-à-dire quel sera le *prix de revient* de la tonne de minerai traité. C'est avec les éléments de ce prix de revient qu'on pourra, à la simple inspection du terrain, établir non seulement un projet de recherches fixant à peu près la durée maxima des travaux et le capital nécessaire pour les exécuter, mais aussi un avant-projet d'exploitation permettant de prévoir, au cas où les recherches conduiront à un bon résultat, le capital qui devra être consacré aux premières installations pour le traitement journalier d'une quantité déterminée de minerai, et les bénéfices annuels d'exploitation qu'on pourra espérer obtenir avec une richesse présumée.

Nous ne doutons pas qu'il y ait en Guyane un champ de recherches filoniennes considérable (1), et c'est notre désir de voir bientôt prospérer cette colonie française qui nous a décidé à entreprendre un travail destiné à rendre les recherches à la fois plus faciles et plus sûres. Par suite, la meilleure conclusion que nous pourrons donner à notre étude sera de faire voir combien l'exploitation filonienne s'impose aujourd'hui dans la Guyane française, et quelles pourront être, au point de vue même de sa prospérité agricole, les conséquences heureuses d'une production aurifère durable.

Avant d'énumérer et de comparer les observations auxquelles ont donné lieu nos travaux de recherches ou d'exploitation et nos études dans l'Uruguay, le Venezuela et la Guyane française, nous allons résumer, dans un premier chapitre, quelques considérations

---

1. La recherche en forêt vierge présente des difficultés sur lesquelles nous aurons à appeler l'attention, mais qui, en général, ne sont pas insurmontables ; dans tous les cas, il est prudent de ne l'entreprendre qu'avec des indices favorables et certaines facilités, par exemple là où ont précédé l'exploitation ou seulement la prospection alluvionnaires, et nous avons dit que cette dernière a porté à peu près sur tout le territoire exploré.

générales sur les formations filoniennes, et en particulier sur leur différence d'âge et leur mode de distribution à la surface du globe terrestre.

Le premier sujet est intimement lié à la théorie de la formation des filons d'or, qui suivra l'exposé de nos observations et fera l'objet de notre quatrième chapitre. Quant aux lois de la répartition en surface des fissures filoniennes, bien que nous n'ayons pas trop à nous en préoccuper dans les recherches sur un district déterminé, c'est une question intéressante qui découle naturellement de l'observation d'un des principaux éléments de l'allure des filons, de leur *direction*.

Et si la découverte de ces lois constitue un problème qui ne nous semble pas devoir être résolu de longtemps, nous n'en consignerons pas moins, dans le cours des deuxième et troisième chapitres, plusieurs observations qui peuvent, à notre avis, aider à le résoudre dans un avenir plus ou moins éloigné.

CHAPITRE PREMIER

CONSIDÉRATIONS GÉNÉRALES SUR LES FORMATIONS FILONIENNES

Répartition en surface. — Diverses formations aurifères. — Formations anciennes et formations récentes. — Origine commune des formations aurifères. — Rapports avec le réseau pentagonal. — Systèmes de directions filoniennes.

Répartition en surface. — Un coup d'œil général sur les formations filoniennes métallifères, et en particulier sur les gisements de métaux précieux, exploités ou connus dans les deux Amériques, permettait, il y a quelques années, d'énoncer une sorte de loi de répartition : on constatait, en effet, en suivant la chaîne des Andes du nord au sud, la décroissance de l'or, en même temps que l'augmentation du cuivre jusqu'au Chili, tandis que l'argent semblait passer par un maximum dans la région centrale, vers le Mexique. Cette loi ne devait pas être confirmée par la suite : les dernières découvertes d'or, dans l'Amérique centrale et dans l'Amérique du Sud, et d'argent, dans les États-Unis et dans la République Argentine (1), ont permis en effet de voir combien il est difficile, au moins

(1) Nous pourrions citer aussi les gisements de cuivre de la Basse-Californie, mais leur importance n'est pas encore bien établie par des résultats pratiques. Par contre le nord de l'Amérique donne une importante production d'argent; et la production d'or, très notable dans le nord et le centre de l'Amérique du Sud, ne tardera pas à s'étendre même à la République Argentine.

encore, d'établir une loi quelconque de répartition des métaux précieux sur une aussi grande surface, et *a fortiori* sur toute la surface du globe terrestre.

Nous pensons bien que les formations filoniennes, comme la plupart des phénomènes naturels, obéissent à des lois plus ou moins
manifestes. Mais les filons sont loin d'être tous connus ; et en outre,
les filons connus, surtout quand il s'agit de métaux précieux, ont
été plutôt exploités qu'étudiés au point de vue technique, de sorte
qu'on n'a pu encore ni bien classer les gisements analogues, ni
formuler des lois universelles de répartition ou de variation de la
richesse.

D'ailleurs, quelques analogies que nous ayons observées nous-
même entre les quartz de l'une des formations aurifères de l'Amérique et certains quartz également aurifères de formation filonienne en Europe, il ne nous paraît pas suffisamment démontré
qu'un phénomène d'éruption qui se sera manifesté sur un point du
globe terrestre ait influencé toutes les formations de même nature
et de même âge produites sur toute la surface du globe, sur un
hémisphère, ou seulement sur tout un continent.

Diverses formations aurifères. — Par contre, si l'observation est limitée dans une région beaucoup moindre, par exemple
dans un district métallifère, il est incontestable qu'on aura plus de
chances d'arriver à grouper les faits observés, et qu'on pourra en
déduire certaines lois qui ne sauraient être appliquées aux autres
districts qu'après de nouvelles vérifications.

Le remarquable travail de M. Moissenet sur les filons d'étain du
district de Cornwall (Angleterre) est bien la meilleure preuve que
nous puissions donner de cette affirmation. Mais nous n'avons
jamais partagé les folles espérances dont certaines Compagnies de
mines du Caratal (Venezuela) ont pu profiter pour attirer à elles les
capitaux, et que leurs ingénieurs fondaient, bien à la légère, sur
l'application à ce district aurifère, encore à peine connu, des lois
d'enrichissement formulées avec intelligence et à la suite de longues
observations sur le district stannifère (1).

(1) Comme exemple de ces lois, nous pouvons citer l'enrichissement sur les
colonnes de croisement des filons. Nous ne nions pas que ce fait, bien constaté

Nous avons, pour notre part, séjourné plus de deux années sur les trois districts aurifères de l'Uruguay, du Venezuela et de la Guyane française, dans l'Amérique du Sud ; et loin de songer à les assimiler complètement l'un à l'autre, nous avons fait ressortir sur deux au moins de ces districts des caractères tellement dissemblables que nous avons dû admettre deux ou plusieurs formations aurifères distinctes, et en particulier d'âge très différent : l'une d'elles, en effet, semble remonter à l'époque primaire, tandis que d'autres appartiendraient au milieu ou à la fin du tertiaire et aussi à l'époque quaternaire qui a immédiatement précédé l'époque actuelle.

Nous ne voulons pas dire cependant que le facies général des formations doive être considéré comme caractéristique du district ; car nous avons pu souvent soit distinguer deux formations dans une même fissure, soit reconnaître une même formation dans deux districts très éloignés l'un de l'autre.

Formations anciennes et formations récentes — Cette multiplicité des formations aurifères est surtout apparente si on essaie de comparer les formations d'Amérique avec certaines formations aujourd'hui bien déterminées d'Europe et même de France. Sans parler d'un filon aurifère découvert il y a quelques années vers le centre de la France et dont la formation est attribuée à l'époque primaire, nous dirons seulement quelques mots d'une région que nous avons nous-même longtemps étudiée au point de vue de l'argent, et où nous avons récemment trouvé des quartz filoniens nettement aurifères.

Sur le versant méridional de la montagne Noire, aux environs de Carcassonne, coule une rivière, l'Orbiel, affluent de l'Aude, que son nom même semble désigner comme ayant donné lieu à des exploitations d'orpailleurs, telles qu'on en voyait encore dans ces dernières années sur le Gardon et sur plusieurs autres rivières des

pour l'étain en Cornwall, puisse se reproduire pour un autre métal ou dans d'autres districts ; mais nous ne l'avons jamais constaté pour l'or dans l'Uruguay, où nous avons étudié un très grand nombre de croisements filoniens, et nous jugeons imprudent de tenir compte *à priori* d'une loi aussi peu générale dans un district aurifère nouveau, et même dans le Caratal, où les filons croiseurs, s'il y en a de connus depuis notre visite, doivent encore être très rares.

Cévennes. On a aussi exploité sur l'Orbiel un filon de galène argentifère dont le minerai était estimé d'après sa teneur en plomb et en argent, plus une teneur minima de 2 à 3 grammes d'or à la tonne. C'est dans les environs de cette mine que quelques quartz, provenant d'ailleurs d'une autre fissure filonienne, nous ont présenté le faciès géodé, avec coupes irrégulières ferrugineuses, et la coloration rosée des quartz les plus abondants dans les districts aurifères de l'Amérique du Sud; et plusieurs de nos essais sur ces quartz, accusant des traces d'or notables, simplement par broyage et lavage, ont confirmé cette analogie.

Or, les quartz aurifères qu'on rencontre le plus fréquemment dans l'Amérique du Sud appartiennent, comme nous le verrons, à des formations anciennes qui, en général, ne sont pas exploitables ; et les formations françaises précédentes qui ne le sont pas davantage, ne sauraient être attribuées d'après leur situation géologique à une époque plus récente que l'époque primaire.

Au contraire, les formations récentes et souvent exploitables que nous avons observées, notamment dans les Guyanes, semblent être beaucoup plus localisées : la France, en particulier, n'a pas encore donné de quartz qui puissent être comparés avec ceux de ces formations, caractérisés par un faciès cristallin clivable, et bleutés ou violacés.

Origine commune des formations aurifères. — On ne saurait conclure de ces considérations que toutes les formations aurifères, présentant, il est vrai, certains caractères d'analogie dans les districts les plus éloignés, mais en même temps des différences bien tranchées de l'une à l'autre dans un même district, doivent se rattacher à une origine commune et provenir d'un même mode de formation. C'est cependant ce que nous tâcherons de démontrer, du moins pour les formations de l'Amérique du Sud, en prenant pour point de départ l'hypothèse de l'origine éruptive; et pour expliquer chacune des formations il nous suffira de faire varier certaines circonstances du phénomène éruptif qui d'ailleurs paraissent avoir influé sur la répartition de la richesse en profondeur, mais nullement sur la répartition de l'or à la surface du globe terrestre. Les conséquences de cette hypothèse se trouvant d'autre part confirmées par nos observations, les lois suivant lesquelles varie la richesse dans chaque fissure filonienne aurifère résulteront en somme de l'étude approfondie d'un petit nombre de districts.

Nous osons à peine espérer que ces premières lois aideront, après un plus grand nombre d'observations, à résoudre le problème non moins intéressant de la répartition en surface; car ce problème est d'autant plus compliqué que les manifestations du métal précieux semblent se multiplier de jour en jour tant sur les continents anciens et nouveaux que sur les îles même les plus fréquentées. C'est ainsi que nous venons de constater, à notre dernier voyage en 1885, sur une des principales Antilles dont le sol, d'origine volcanique, n'a encore donné lieu à aucune exploitation minière, la présence de plusieurs filons quartzeux, encaissés dans la serpentine, et sur lesquels de nombreux essais nous ont accusé non seulement de fortes traces, mais même des teneurs en or, qui pourront très bien devenir exploitables au-dessous des affleurements. Le facies de quelques-uns des quartz de ces filons rappelle aussi certains quartz riches de la Guyane française.

Rapports avec le réseau pentagonal (1). — L'origine commune des formations aurifères et en général de toutes les formations métallifères a dù paraître bien évidente pour qu'on ait songé à voir un rapport entre tous les gisements filoniens, de

(1) Si nous parlons ici des rapports entre les systèmes de filons et les grands cercles du système pentagonal de M. *Élie de Beaumont*, c'est plutôt pour constater que nous n'avons rien observé qui approche du fait signalé par M. *E.-B. de Chancourtois*, à savoir que la plupart des gisements de bitume connus sur la surface du globe terrestre sont à peu près exactement situés sur plusieurs des grands cercles du réseau pentagonal, tel qu'il est déterminé en position par les plus importantes chaines de soulèvement et les embouchures de quelques grands fleuves.

Nos observations à ce sujet ont un caractère beaucoup moins général; car après avoir fortuitement observé certaines coïncidences de directions que nous ne ferons que mentionner dans ce travail, nous nous sommes simplement demandé si l'hypothèse sur laquelle repose le système pentagonal ne pourrait pas se vérifier non plus sur toute la sphère, mais bien sur des fragments de calotte sphérique, correspondant à un seul district métallifère ou à plusieurs districts voisins.

quelque nature qu'ils soient, et certaines lignes de grands cercles tracées au préalable sur la sphère terrestre, et passant par des points géographiques particuliers. Loin de rejeter absolument l'hypothèse fondamentale de cette théorie, nous mentionnerons au cours de cette étude la coïncidence remarquable de quelques directions filoniennes avec les principales directions de divers pentagones réguliers, nous proposant ainsi de faire entrevoir au moins l'influence que peut exercer l'angle du pentagone dans la rupture violente d'une portion de surface sphérique. Mais quels que soient, dans la théorie du système pentagonal, l'arrangement et la position des grands cercles qui constituent le réseau d'un district quelconque, nous hésitons à nous appuyer, pour la recherche des filons, sur le parallélisme plus ou moins approché des systèmes filoniens de ce district avec les grandes chaînes de montagnes de tous les continents pris indistinctement.

Nous estimons d'ailleurs qu'il n'est pas possible d'assigner à un filon considéré sur toute sa longueur une direction moyenne assez précise pour la comparer exactement, en tenant compte des différences de déclinaison magnétique, à celle d'un autre filon ou d'une chaîne de montagnes appartenant à un autre district très éloigné. Nous réservant de revenir plus loin sur cette impossibilité, nous pourrons donc nous contenter d'une approximation grossière pour le parallélisme de directions que nous aurons occasion d'observer, non pas sur l'ensemble de la calotte sphérique, mais bien sur chaque district.

C'est, en effet, aux observations locales que nous attachons une importance réelle, et nous pouvons dire qu'elles nous ont été très utiles soit pour l'étude des filons connus, soit pour la découverte de nouveaux filons : nous avons par exemple constaté, dans les districts aurifères de l'Amérique du Sud, comme dans les districts argentifères d'Europe, que nous étudions depuis plus de neuf ans, le parallélisme de direction des fissures filoniennes les plus importantes, soit avec la chaîne principale, soit avec l'un des systèmes de contreforts du même district, et, à défaut de l'observation des crêtes qui ne peut se faire dans la forêt vierge, avec le principal cours d'eau ou l'un des systèmes d'affluents. On sait que les affluents d'un cours d'eau, aussi bien que les contreforts d'une chaîne de montagnes, présentent souvent, sur chaque rive ou sur chaque versant, une direction moyenne commune.

Cette coïncidence de directions peut assurément avoir pour cause un mode particulier de rupture de l'écorce terrestre, par suite des soulèvements; mais il nous semble téméraire de chercher à étendre ce rapport à toute la sphère, avant de l'avoir seulement déterminé sur des portions plus ou moins grandes de calotte sphérique, c'est-à-dire sur un certain nombre de districts, et même simplement d'affirmer qu'il existe, en l'état actuel de nos connaissances.

Nous signalerons d'autre part, dans nos observations comparées, un rapport non plus de direction mais de situation, entre les districts filoniens et les grandes chaînes de soulèvement voisines, rapport qui n'est pas plus particulier que le précédent aux formations aurifères et que nous avons observé fréquemment pour l'argent comme pour l'or.

Systèmes de directions filoniennes. — Quoi qu'il en soit d'une théorie que nous pouvons à peine soupçonner, nous insisterons particulièrement sur ce fait que, dans chaque district, la plupart des directions de fissures filoniennes se rattachent à deux ou plusieurs systèmes principaux. Nous avons même observé que la richesse semble jouer un certain rôle dans cette classification; car si nous avons vu quelquefois des filons stériles suivre la direction d'un système bien connu de filons riches, par contre nous n'avons jamais constaté une richesse notable dans aucun filon d'un système bien déterminé de filons stériles, c'est-à-dire parallèle à quatre ou cinq filons stériles voisins.

Cette influence des directions sur la richesse n'a du reste pas échappé aux exploitants d'alluvions en Guyane française; nous donnerons plus loin l'explication de ce rapprochement. Mais elle est beaucoup plus manifeste dans l'étude directe des filons, et c'est sur cette influence que nous nous appuierons, en parlant des *directions favorables*, pour formuler une méthode pratique de recherches dans un district déjà en partie exploré.

On voit par là quelle peut être l'utilité de l'observation des directions, et nous aurons également occasion de faire ressortir celle des autres observations filoniennes qui doivent être faites en vue de simplifier les recherches ultérieures et surtout de les exécuter avec plus de chances de succès. C'est le but que nous nous sommes proposé en accompagnant toujours nos travaux d'observations raisonnées et comparées ; et chacun de nos efforts dans ce sens s'est traduit, dans la plupart des cas, par une double économie de temps et d'argent (1).

D'ailleurs ce n'est pas seulement dans les travaux de recherches, mais aussi dans la pratique de l'exploitation qu'il convient de ne négliger aucune observation : car en admettant que, contrairement à une des règles les plus élémentaires de toute bonne exploitation, on eût jugé convenable, à un moment donné, d'arrêter les recherches de nouveaux filons, on devrait toujours se préoccuper de perfectionner l'exploitation proprement dite des filons reconnus exploitables. L'application des idées théoriques résultant de nombreuses observations, en contribuant à ce perfectionnement, permettra donc, dans certaines mines, de réduire le prix de revient d'exploitation.

(1) Pour ne citer qu'un exemple, c'est après quelques jours seulement de recherches que nous avons pu indiquer sur le placer *Enfin* deux affleurements avec des caractères de richesse en profondeur, parce que nous avons profité des observations de direction, de faciès des quartz et autres, enregistrées auparavant sur l'*Elysée*, où deux mois environ avaient été nécessaires pour nous conduire au même résultat.

CHAPITRE II

OBSERVATIONS SUR LES TRAVAUX DE RECHERCHES

OU D'EXPLOITATION

Exploitation superficielle et exploitation en profondeur.

Les trois districts que nous avons étudiés dans l'Amérique du Sud diffèrent non seulement par leur situation géographique, mais surtout aussi par les caractères de leurs minerais et en particulier par celui qui donne aux districts toute leur importance industrielle, la *teneur* ou richesse en or.

Exploitation superficielle et exploitation en profondeur. — Après avoir dirigé des recherches de filons pendant près de six mois dans le district aurifère de l'Uruguay qui touche à la frontière méridionale du Brésil, et dont l'exploitation superficielle seule avait pu tirer quelque parti, tandis que la profondeur ne donnaît que peu d'espérances, nous avons été appelé à étudier une des plus importantes mines du Caratal, dans le Venezuela, mine qui avait été exploitée jusqu'à 60 mètres de profondeur, et qui, reprise aujourd'hui à un niveau inférieur, a commencé à donner les beaux résultats que notre rapport faisait espérer.

Enfin, en Guyane française, nous avons séjourné en deux fois plus de quinze mois qui ont été consacrés d'une part à l'examen de la couche d'alluvions et des quartz aurifères sur plusieurs bassins, mais, pour la plus grande partie, à des recherches filoniennes en profondeur sur le bassin de la Mana. Là, nos observations et nos travaux ont démontré non seulement l'existence de filons, source de la richesse alluvionnaire, qui cependant sont loin d'être toujours exploitables, mais aussi l'exploitabilité et la continuité de richesse en profondeur de certaines zones dans ces filons. Ce dernier district est donc appelé, après avoir joui des avantages qu'y aura procurés l'exploitation des alluvions, comme celle des têtes de filons dans l'Uruguay, à voir très prochainement se développer, comme dans le Venezuela, une exploitation non moins lucrative et plus durable: celle des filons en profondeur.

Dans l'énumération qui va suivre, nous envisagerons successivement pour chaque district les caractères généraux des formations aurifères, les caractères particuliers de l'allure des filons et de leur composition, enfin plus spécialement les observations de directions, et nous dirons seulement quelques mots des gisements aurifères qui ne présentent pas la forme filonienne.

§ Ier. URUGUAY.

La formation aurifère de l'Uruguay n'est pas très importante (1), mais se prolonge avec les mêmes caractères jusque dans le Brésil, s'étendant à l'ouest de la chaîne Nord-Sud qui sépare les eaux de

(1) Cette qualification ne serait pas exacte à ne considérer que le nombre et la puissance des filons, car nous n'avons jamais vu tant de quartz que dans ce district, soit en amas considérables, soit en dykes puissants et accusant très souvent à l'essai des traces d'or; mais les filons exploitables y sont tout à fait l'exception, et leur richesse n'est même que superficielle. Aussi n'avons-nous connaissance que de deux Compagnies françaises qui ont voulu essayer

l'Océan Atlantique du versant de la rivière de l'Uruguay, sur toute une région d'altitude moyenne; elle occupe dans la République orientale de l'Uruguay la partie centrale septentrionale du département de Tacuarembo.

Formations porphyriques et quartzeuses. — Le terrain entièrement déboisé permet d'observer sans difficulté une grande éruption porphyrique reposant sur les terrains primitifs, granit, gneiss, schistes siluriens et calcaires dévoniens, sur lesquels apparaissent, à la limite ouest du bassin et en forme de mornes ou *cerros* aplatis, quelques lambeaux de grès quartzeux et marnes tertiaires : nous pouvons signaler entre autres les marnes à *cypris* que nous avons vues recouvrir des schistes bitumineux à *cyrloceras*. Ces cerros paraissent être les vestiges d'un grand phénomène d'érosion qui a dû précéder les formations quartzeuses, ou tout au moins les dernières formations de ce district que la nature de leur remplissage ne nous autorise pas cependant à regarder comme très récentes, et que nous serons conduit à attribuer à l'époque tertiaire. Nous avons enfin observé des roches basaltiques à une certaine distance à l'ouest du bassin porphyrique; mais rappelé subitement en France, nous n'avons pu établir leur liaison, d'ailleurs très possible, avec ces dernières formations.

Il semble bien, d'autre part, qu'il s'est produit dans ce district deux ou plusieurs éruptions quartzeuses distinctes : la plus ancienne et aussi la plus développée ne donne, il est vrai, que des traces d'or à peine appréciables à l'essai chimique et a produit, outre des filons très puissants, plusieurs épanchements en forme de cerros arrondis qu'on appelle dans le pays *cerros blancos*, à cause de leur nature quartzeuse et pour les distinguer des cerros aplatis; la plus récente, beaucoup moins développée, s'est souvent manifestée, en donnant quelques quartz très riches, sur des réouvertures de fissures filoniennes déjà remplies par une éruption précédente.

Le porphyre qui a accompagné ces diverses éruptions présente aussi deux aspects très différents; tantôt, dans les régions les plus

en Uruguay l'exploitation aurifère, et n'ont pas réussi, parce que le travail individuel avait déjà extrait et grossièrement traité la meilleure partie des filons, c'est-à-dire les affleurements.

pauvres, à gros grains euritiques, tantôt à grains fins et passant au voisinage de veines riches, aux mélaphyres et aux pegmatites qui peuvent alors être imprégnées d'un peu d'or. Quelquefois enfin, la roche porphyrique est plus ou moins décomposée en surface et affecte au contact de quelques filons la forme schistoïde.

A côté des porphyres, on observe, mais très rarement, une autre roche éruptive, les quartzites. Nous citerons également sur la limite du bassin porphyrique plusieurs veines quartzeuses encaissées dans le granit, mais peu développées et surtout peu aurifères.

Allure des filons quartzeux. — Les filons de l'une et l'autre formations quartzeuses (1) présentent certains caractères communs dans leur allure, notamment :

1° De fortes variations dans la *direction* qui s'infléchit quelquefois à plus de 30°: lorsque cette déviation apparente est comprise entre 45° et 90°, nous sommes plus porté à admettre deux filons qui se croisent sans se prolonger au delà de leur point de rencontre ;

2° Une *puissance* très irrégulière que nous avons même vue passer par zéro entre une partie riche de surface et son prolongement stérile en profondeur : la salbande argileuse, seule conservée dans ce cas, marquait bien la continuité du filon ;

3° La division fréquente d'une veine en plusieurs branches qui se rejoignent généralement à une distance plus ou moins grande, quelquefois dans le sens de l'inclinaison, mais plus souvent dans le sens de la direction ;

4° Un grand nombre de *rejets*, dont l'un, sur le filon principal, mesure plus de 100 mètres, et qui sont produits par des croiseurs quartzeux ou de simples failles argileuses ;

(1) Nos travaux, exécutés par un personnel considérable, n'ont pas moins porté sur les filons pauvres que sur les filons riches, parce que, dans les premiers mois de notre séjour, nous avions gardé une grande confiance dans le développement de la richesse, confiance inspirée par la constatation de zones très riches, autant que par la réputation d'une colonne ou plutôt d'une poche riche de 1m.50 de puissance, mais que nos recherches infructueuses n'ont pas tardé à détruire.

5° Enfin une inclinaison à peu près verticale, comprise entre 90° et 70°, suivant les filons ; mais dans chacun d'eux l'inclinaison est un des éléments les plus réguliers et n'est guère susceptible de varier qu'à l'affleurement, où elle change quelquefois de sens.

Influence des rejets. — Les inflexions de la direction n'ont pas toujours une cause apparente et changent souvent de sens plusieurs fois sur toute la longueur d'un filon, de manière à former en section horizontale une ligne brisée dont les tronçons ne présentent que deux directions différentes alternant l'une avec l'autre ; nous enregistrerons la même observation sur les filons du Venezuela. Ces variations coïncident d'ordinaire avec d'autres variations dans l'allure du filon ou des changements dans la nature de la roche encaissante.

Mais dans bien des cas, les inflexions de direction peuvent être le résultat d'un grand rejet ou d'une série de petits rejets de même sens : l'influence du grand rejet s'observe fréquemment sur tout un système de veines parallèles (FIGURE 1); chacune des veines est rejetée de la même quantité et présente de part et d'autre de la faille une inflexion, dans le sens du rejet, d'autant plus importante que le rejet est lui-même plus considérable.

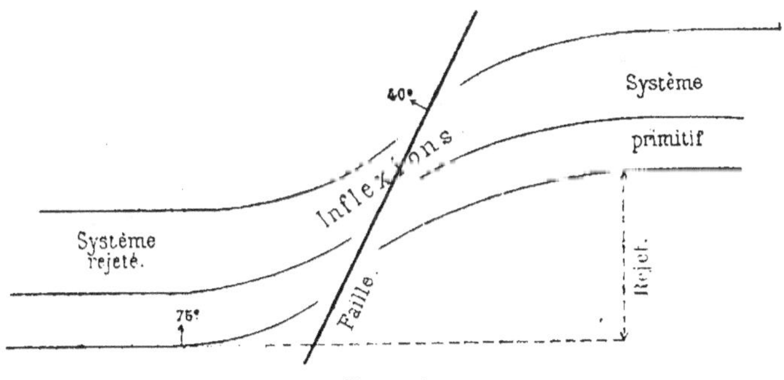

Figure 1.

Dans le deuxième cas, l'inflexion n'est qu'apparente, chaque tronçon de filon conservant la même direction ; et elle se manifeste surtout à l'affleurement, tandis que les rejets successifs s'accusent en profondeur. Nous n'avons observé d'ailleurs cette division des filons qu'au voisinage d'un soulèvement postérieur à leur formation : les rejets ou dislocations qui en résultent (FIGURE 2) affectent le même sens, quelle que soit l'orientation des failles, et c'est cette particularité qui donne lieu à une grande inflexion du filon ou du système de filons.

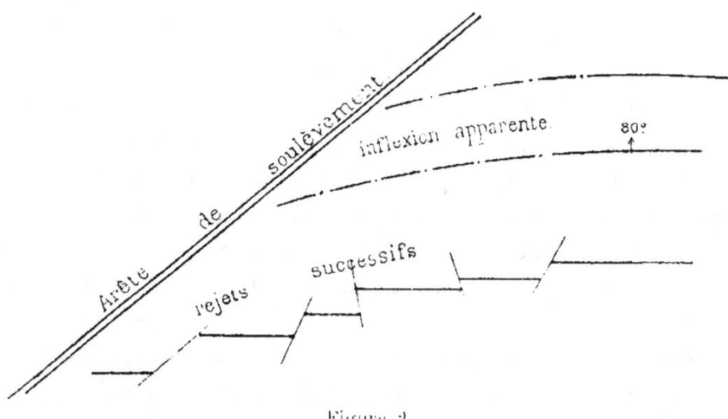

Figure 2.

Nous parlerons plus loin de l'influence des rejets sur la richesse.

Faciès des quartz aurifères. — Malgré les caractères communs que nous venons d'énumérer, les deux principales formations aurifères de l'Uruguay se distinguent non seulement par leur richesse, ce qui permet de les désigner sous les noms de formation pauvre et de formation riche, mais aussi très nettement par le faciès de leur remplissage.

Les filons entièrement stériles sont composés d'un quartz quelquefois plus ou moins foncé, mais généralement blanc cristallin, compacte et à cassure sèche, c'est-à-dire très irrégulière. — L'or se trouve, au contraire, dans des quartz feuilletés ou géodés, à cassure esquilleuse ; et s'il n'est pas sous forme de poussière fine mélangée à des oxydes ferrugineux dans des plaques, en d'autres termes s'il est en mouches, en clous, ou tapisse des géodes, on peut généralement le voir à l'œil après le cassage au marteau répété au plus deux ou trois fois.

À la surface, l'or est souvent accompagné d'oxydes de fer, quel-

quefois de carbonate de cuivre, résultant de la décomposition de
pyrites; cependant, la pyrite de fer à grains fins accompagne l'or
même en surface dans quelques filons particuliers dont le quartz est
très compacte. Les filons stériles donnent aussi de fortes traces de
pyrites (pyrites de fer, de cuivre et de plomb) que nous avons
suivies jusqu'à près de 70 mètres en profondeur verticale : elles
sont alors cristallisées à grosses facettes, caractère commun à
beaucoup de districts.

Richesse superficielle. — Les deux formations peuvent
très bien se rencontrer dans une même fissure, lorsque celle-ci
a été soumise à un phénomène de réouverture. C'est surtout dans
ce cas qu'il est facile d'observer combien la formation riche, très
probablement la moins ancienne et qui est du reste la mieux
étudiée, a été peu développée en comparaison de la formation
pauvre.

La richesse, en effet, n'est que superficielle; de sorte que, outre le
faciès des quartz, la *non continuité* semble être le principal caractère de cette formation riche. Aussitôt qu'on dépasse dans les travaux une profondeur qui varie généralement de 1 à 7 ou 8 mètres
et excède rarement 10 mètres, le minerai cesse d'être exploitable,
et sa teneur va dès lors en diminuant rapidement jusqu'à zéro, ou
même s'annule brusquement (1). L'épaisseur des veines les plus
riches décroît aussi très nettement comme la teneur avec la profondeur; sauf quelques cas particuliers, elle est le plus souvent
inférieure à 30 centimètres même en surface. Les filons aurifères
pyriteux sont plus puissants, il est vrai, mais ne sont déjà plus

(1) C'est ce qui explique la facilité avec laquelle les premiers exploitants
ou *catewlwres*, ont pu, sans installation spéciale, exploiter avec les quartz
roulés la plus grande partie des quartz de filons les plus riches ; l'or étant
très pur et visible à l'œil, le cassage au marteau, le broyage dans un pilon,
ou même entre deux pierres, suivis du lavage dans la batée, avec ou sans
mercure, constituaient le seul traitement.

Un vieux maître mineur nous a affirmé qu'il avait vu ainsi retirer pour
plus d'un million de francs d'or de la région de Cuñapiru : ce chiffre peut
n'être pas exagéré, mais il laisserait supposer, malgré l'absence de vestiges
connus, que plus anciennement encore, et en remontant à l'occupation par
les missionnaires, le chiffre total de la production, soit par les quartz, soit
par les alluvions, avait dû être beaucoup plus considérable.

exploitables à quelques mètres de profondeur. Par contre, nous avons suivi jusqu'à la plus grande profondeur de nos travaux la formation pauvre toujours également puissante.

Les zones riches sont enfin peu étendues en direction et dépassent rarement une longueur de 20 mètres : nous avons observé que ces zones de richesse s'arrêtent quelquefois brusquement à une faille. Y a-t-il, dans ce dernier cas, effet de glissement suivant la faille, et la partie supérieure a-t-elle été désagrégée et entraînée par les phénomènes diluviens? Un tel glissement n'aurait pu se produire sans un rejet important que nous n'avons pas constaté sur ces points. Nous sommes donc plutôt porté à admettre que la réouverture qui a donné lieu au remplissage riche ne s'est produite que sur un tronçon rejeté du filon primitif; car certaines dislocations peuvent bien être antérieures à la formation quartzeuse récente ou du moins contemporaines des phénomènes de rupture qui ont précédé le dernier remplissage.

Directions des filons. — Au point de vue de la répartition en surface, nous voyons dans le district de l'Uruguay un nombre considérable de fissures filoniennes (nos études ou nos travaux ont porté sur plus de 60 dans un rayon de 7 à 8 kilomètres) très rapprochées l'une de l'autre au centre du bassin porphyrique, de plus en plus rares et moins riches en général, à mesure qu'on s'éloigne du centre, dans le granit, dans les quartzites ou dans le porphyre euritique. La formation aurifère s'étend d'ailleurs à l'est et surtout au nord, formant probablement de nouveaux bassins porphyriques avec les mêmes caractères généraux (1). Quelques-unes des fissures sont développées sur plus d'un kilomètre de longueur et traversent les principales vallées de la région, sans conserver toutefois le même faciès dans le minerai ; un des affleurements peut même être suivi de l'ouest à l'est sur quatre à cinq kilomètres en deça et au delà de la rivière Corrales.

---

(1) Bien que nous n'ayons pas visité ces divers bassins, nous les avons jugés par analogie, d'après ce que nous ont dit des mineurs compétents, et d'après les échantillons qu'ils nous ont rapportés de la Sierra d'Araycua et de quelques centres aurifères du Brésil.

Quant aux directions, on peut les rattacher à plusieurs systèmes, dont les directions moyennes coïncident à peu près avec celles de grands cercles menés par les sommets de deux pentagones réguliers ayant leurs éléments respectifs perpendiculaires deux à deux (FIGURE 3). Ce sont, par ordre d'importance :

Pour le 1ᵉʳ pentagone, les directions : *Heure VI.* — *Heure XI.* — *Heure I-II.*

Et pour le 2ᵉ pentagone, les directions : *Heure IX-X.* — *Heure O.* — *Heure VII.* — *Heure II-III.*

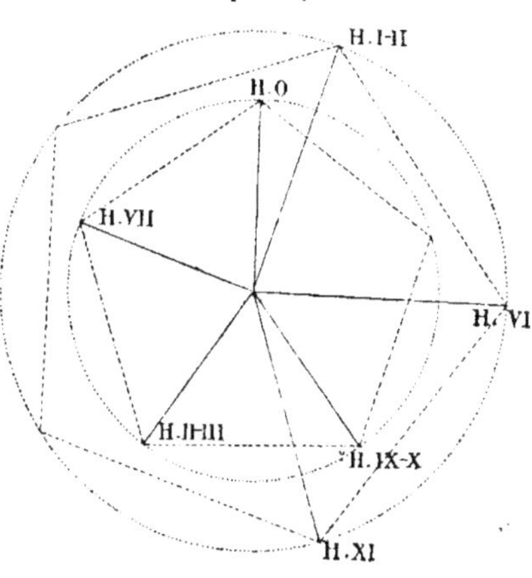

Figure 3.

A défaut de chaînes de montagnes et de cours d'eau importants dans le district, nous avons retrouvé les principales de ces directions soit sur les collines ou crêtes de cerros les plus saillantes, soit encore sur de grands dykes de calcaire ou de minerai de fer qui traversent quelquefois tout le bassin ; nous sommes convaincu qu'il serait possible, par des observations spéciales, de multiplier beaucoup les exemples de ce parallélisme de directions.

Alignements et alluvions. — Nous n'avons encore parlé que des gisements filoniens : les premiers exploitants dans l'Uruguay ont cependant tiré quelque parti des blocs de surface. Ces derniers se présentent comme blocs roulés ou quelquefois forment des alignements assez semblables à première vue à des affleurements de filons, mais qui n'ont pas de suite en profondeur au delà de 1 à 2 mètres au plus : la grande masse de ces blocs soit alignés, soit simplement roulés, est d'ailleurs à peu près stérile.

On a aussi exploité anciennement quelques poches alluvionnaires, dans le lit actuel des rivières, qui ont donné entre autres produits un petit nombre de pépites : nous avons pu voir encore une de ces pépites du poids de 150 grammes environ. Nos essais de reprise de ce travail n'ont mis à découvert qu'une couche mince et

profonde, beaucoup trop pauvre et aussi trop irrégulière ou trop peu
étendue pour être exploitable aujourd'hui avec bénéfice. L'irrégularité de ces alluvions dans une région aussi peu montagneuse
nous fait supposer qu'une grande partie de la couche a dû être
entraînée par de grands courants diluviens, les mêmes peut-être
qui ont produit l'érosion dont nous avons parlé au sujet des cerros de l'époque tertiaire. Nous verrons, en effet, que la pauvreté du
remplissage actuel des cheminées filoniennes n'est pas incompatible avec une grande richesse dans les alluvions voisines : *a fortiori*
peut-on admettre que cette richesse a existé à côté des filons de
l'Uruguay dont les parties superficielles ont présenté des teneurs
vraiment exceptionnelles.

§ II. VENEZUELA.

Le district aurifère du Venezuela recouvre une partie notable de
la Guyane venezuelienne, sur la rive droite de l'Orénoque, et
semble s'étendre au delà de la frontière du côté de la Guyane anglaise. Mais les mines les plus importantes [1], sur un rayon de
10 à 12 kilomètres, forment le district du *Caratal*, ainsi appelé du
nom d'un arbre qu'on rencontre fréquemment dans cette région :
le Caratal et les mines environnantes font proprement partie d'un
centre montagneux situé à plus de 200 kilomètres de la mer [2].

[1] Au nombre de ces mines, toutes exploitées par des Compagnies anglaises
ou américaines, nous citerons : *el Callao*, de beaucoup la plus riche ; *la
Panama*, que nous avons personnellement étudiée ; la grande mine de *Chile ;
Nacupai ; Potosi*, et *el Peru*, qui a succédé à la précédente. Les quelques
affaires entreprises au Caratal par des Compagnies françaises n'ont pas donné,
jusqu'à ce jour, de brillants résultats.

[2] L'Orénoque n'est guère moins éloigné des mines que la mer ; mais la
navigation et l'accès des terres sont plus faciles par le fleuve. Une telle distance, sur laquelle le matériel et les vivres sont transportés soit par chariots
à bœufs, soit à dos d'ânes ou de mulets, a dû être une des plus grandes
difficultés de l'exploitation aurifère filonienne au Venezuela ; mais la teneur
de plusieurs filons est heureusement très élevée. Une Compagnie anglaise
avait déjà étudié un chemin de fer à établir entre l'Orénoque et les mines.
C'est aujourd'hui une Compagnie franco-venezuelienne qui a repris ce projet,
dont la réalisation assurera, avec une certaine économie, la rapidité et la
régularité dans tous les transports.

Formation dioritique. — La formation du Venezuela est dioritique et s'appuie sur une immense base essentiellement granitique, recouverte en quelques points seulement par les schistes anciens. Le soulèvement de ces terrains primitifs doit probablement se rapporter au soulèvement de la grande chaîne Est-Ouest qui forme la ligne de partage entre les eaux de la rive gauche des Amazones d'une part, d'autre part les eaux de l'Océan et de la rive droite de l'Orénoque, et qui semble constituer l'ossature de la côte septentrionale orientale de l'Amérique du Sud.

On observe dans la région granitique une grande variété de granits proprement dits et de gneiss, et, comme roches éruptives des syénites, quelques porphyres granitiques, des pegmatites, de la muscovite, des quartzites avec fer oligiste, mais surtout aussi beaucoup de conglomérats composés presque uniquement d'oxydes de fer. Au Caratal même, on ne voit, à part quelques quartzites, que la diorite, sous un grand nombre de ses variétés, et le conglomérat de fer désigné sous le nom de *mocco de hierro*. Nous croyons cependant que quelques travaux ont atteint en profondeur les talcschistes sur lesquels reposerait la roche éruptive.

La diorite est décomposée par l'action prolongée des agents atmosphériques sur près de 30 mètres de profondeur : le feldspath de cette roche est kaolinisé, et le produit de cette décomposition est une terre argileuse, plus ou moins colorée, mais blanche, surtout près de la surface, qu'on appelle *cascado* ou *cascaro*. La kaolinisation est d'ailleurs progressive et la transition du cascaro à la diorite compacte ou *roche bleue* tout à fait insensible, de sorte qu'on ne peut préciser l'épaisseur de terrain sur laquelle a porté la décomposition.

Formations quartzeuses. — La présence d'une seule roche éruptive, ici comme dans l'Uruguay, ne doit pas faire conclure à une seule formation quartzeuse. Nous avons, en effet, observé plusieurs fois, dans un même filon, deux remplissages distincts qui impliquent la réouverture de la fissure filonienne ; et d'ailleurs tous les filons du district sont loin d'être aurifères, et bien que la proportion de ces derniers soit relativement très forte, on trouverait sans peine dans le Caratal beaucoup plus de quartz stériles que de quartz riches.

Au point de vue du faciès, les quartz stériles sont rarement colorés, quelquefois cependant noirs ou jaunâtres, et leur cassure toujours irrégulière présente souvent l'aspect gras. Les quartz riches, au contraire, sont blancs laiteux ou violacés et surtout bleutés; et leur cassure nettement cristalline est généralement clivable, au point même que l'avancement en galerie dans un filon riche peut présenter un véritable quadrillage quartzeux.

Les diverses formations quartzeuses présentent aussi certaines différences d'allure qui échappent à un premier examen, précisément parce que le double remplissage n'est pas toujours apparent et que les caractères de l'une et l'autre formations peuvent se confondre notamment en surface; ajoutons encore que la formation pauvre a été peu étudiée en profondeur. Cependant, dans le plus grand nombre des cas, les filons pauvres offrent des affleurements visibles et puissants, tandis qu'en général les filons riches, à peine affleurants en surface, n'ont pu être exploités qu'au-dessous de 10 à 30 mètres de profondeur.

Caractères d'affleurement. — C'est principalement dans le cascaro que la veine quartzeuse riche perd son allure régulière: on la trouve, en effet, divisée dès la surface en un faisceau de veinules de puissance très variable, ou en blocs plus ou moins régulièrement alignés, formant comme une série de chapelets en éventail qui convergent vers la profondeur, mais ne tendent à se réunir que lorsqu'on approche de la roche compacte. Quelquefois même on ne voit pas de quartz et l'essai seul accuse une imprégnation d'or dans la roche décomposée qui recouvre la veine et constitue en quelque sorte le chapeau du filon.

Toutefois, nos études ont porté sur un filon qui fait exception à cette règle et présente un affleurement de plus d'un mètre d'épaisseur (1). Mais dans ce cas, comme dans le cas bien plus fréquent de la ramification en veinules, on observe toujours un appauvrisse-

(1) Nous voulons parler du principal filon de la concession *Panama*, dirigé N. 80° à 85° W., incliné à environ 35° vers le sud, et dont la zone riche présente plus de 150 mètres de développement en direction. Son affleurement est en

ment superficiel du quartz, dû sans doute à ce fait que dans le cascaro le remplissage aurifère s'est répandu sur une plus grande surface que dans la roche dure : le quartz des veinules, en effet, indépendamment de leur puissance n'a pas une teneur exploitable.

Quoi qu'il en soit, l'irrégularité de la formation riche n'est que superficielle, et les travaux sont assez avancés aujourd'hui au Caratal, sur quatre ou cinq grands filons, pour qu'on puisse affirmer la continuité de la richesse en profondeur de cette formation. Nous ajouterons ici, bien qu'il n'appartienne pas seulement à l'affleurement, un autre caractère qui distingue aussi le Caratal du district précédemment étudié, c'est que les zones riches présentent fréquemment, même à peu de distance de la surface, une étendue en direction supérieure à 100 mètres.

Allure régulière des filons riches. — La continuité de la richesse en profondeur dans les zones riches, démontrée par l'exploitation jusqu'à plus de 200 mètres, constitue le caractère de régularité le plus intéressant pour les exploitants; mais au point de vue des recherches, l'étude des éléments de l'allure proprement dite n'est pas moins utile. Les parties exploitées des filons, c'est-à-dire les filons riches considérés dans la profondeur, ont une allure assez régulière.

1° Ces filons sont compris entre des *épontes* bien nettes, accompagnées souvent de salbandes argileuses, notamment du côté du mur.

2° La *puissance* varie peu dans le même filon : elle est rarement inférieure à $0^m,50$ et atteint souvent $0^m,90$; elle arrive quelquefois à dépasser $1^m,50$ dans des parties renflées. Il est à remarquer que ces dernières ne sont pas toujours les moins riches, car c'est sur un renflement du principal filon de la Compagnie *el Callao* qu'on a observé le maximum de richesse connu jusqu'à ce jour au Venezuela.

3° La *direction* est bien sujette à quelques inflexions; mais lors-

effet très puissant au point où avait été établi le premier puits d'extraction, suivant l'inclinaison; mais à quelques mètres à peine, tant vers l'est que vers l'ouest, le filon n'affleure plus et l'exploitation n'a pu commencer qu'à 15 ou 20 mètres de profondeur.

que ces variations présentent quelque importance, la fissure affecte généralement en section horizontale la forme d'une ligne brisée à deux directions différentes seulement (FIGURE 4). Cette disposition,

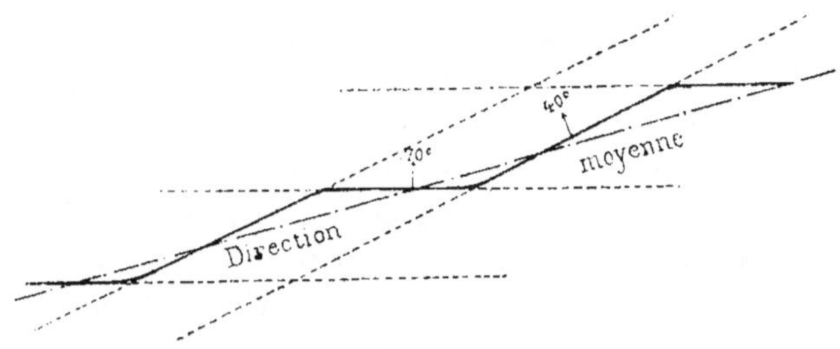

Figure 4.

commune à beaucoup de filons dans tous les districts, nous servira à expliquer la difficulté d'observer exactement les directions filoniennes.

4° L'*inclinaison* sur l'horizontale est en général très faible, de 30° à 45°, et ne varie presque jamais en profondeur dans le même filon; les quelques variations jusqu'à 70° et 80° que nous avons observées semblent coïncider avec un changement brusque de direction ou avec un renflement de la puissance.

5° La *roche encaissante* ou diorite est quelquefois modifiée par le filon au point de devenir schisteuse. On voit aussi fréquemment au mur et au toit de la veine principale se détacher de petites veinules quartzeuses, ou *canteras*, qui peuvent être très riches mais se perdent généralement dans la roche.

6° Nous n'avons pas observé beaucoup de *rejets* ou dislocations, et nous n'avons pas connaissance d'enrichissements exceptionnels qui aient été constatés sur des colonnes de croisements de fissures distinctes et puissent par conséquent être attribués à l'influence de filons croiseurs.

Mode d'être de l'or dans sa gangue. — Dans la plupart des filons riches, l'or est invisible à l'œil et même sous le plus fort grossissement de la loupe, sauf quelques points très fins qu'on aperçoit notamment au voisinage des épontes, dans des plaques ou géodes, accompagnés d'oxyde de fer ou de quartz carié.

La masse du remplissage aurifère est opaque, blanc de lait, à cassure cristalline, souvent quadrillée par des plans de clivage et sillonnée de veines bleues quelquefois parallèles aux épontes. Ces veines colorées par la chlorite, sont les parties les plus riches; et cependant nous devons signaler, au voisinage immédiat de quelques zones très riches, l'absence complète du quartz que remplace dans le filon un brouillage chloriteux et talqueux, chargé de pyrites de fer et stérile. On trouve aussi de la chlorite sur les épontes et dans les failles de clivage des filons riches; tandis que l'oxyde de manganèse caractérise au contraire, dans les mêmes conditions, beaucoup de filons pauvres. Quant à la pyrite de fer, bien qu'elle soit très aurifère dans quelques filons des environs du district, dans les filons même du Caratal elle ne semble pas caractériser un accroissement de richesse et, dans tous les cas n'accompagne l'or qu'à l'état de petits cristaux.

A côté des quartz à or fin on exploite aussi quelques quartz cristallins, blanc de lait, mais à géodes, renfermant des mouches et des clous d'or, dans des colonnes riches qui semblent coïncider avec des points singuliers de la fissure. La teneur de ces colonnes particulières est restée, comme celle des quartz à or fin, largement rémunératrice jusqu'à de grandes profondeurs, et l'exploitation continue.

Directions des filons. — En surface, les filons du Caratal affleurent dans une région montagneuse et boisée, dont une crête, qu'on peut très bien observer des points culminants de la route de Callao à Guacipati, se détache nettement à peu près dans la direction est-ouest.

C'est à ce même système qu'appartiennent le plus grand nombre des filons aurifères du Caratal dont la direction moyenne est comprise entre N. 80° W. et N. 85° W., soit *Heure VI-VII*. Nous avons cité comme appartenant à ce groupe la direction moyenne du grand filon *Panama*, qui présente cependant dans l'étendue de sa zone riche deux directions notablement différentes, N. 82° W. et N. 87° W.; ces deux directions, observées de part et d'autre du renflement de puissance que nous avons signalé, ne sauraient pourtant être attribuées à deux filons distincts.

Après le système *Heure VI-VII*, les deux plus importants sont : celui de *Heure O*. qui comprend entre autres le filon de la concession *el Callao*, réputé le plus riche de tout le district; et celui de *Heure II-III* (figure 5).

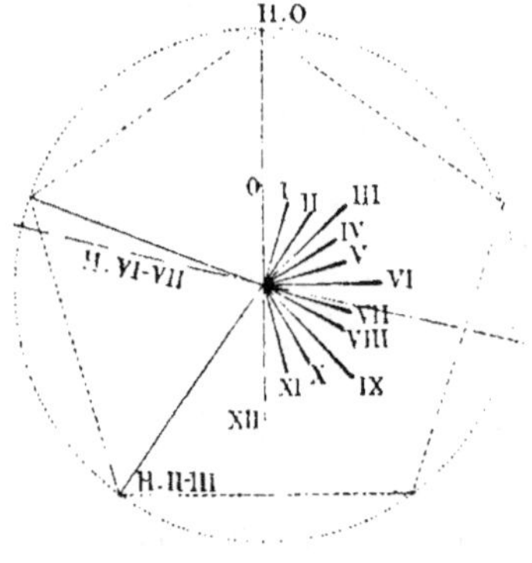

Figure 5.

Nous n'avons pas séjourné assez longtemps dans le district du Venezuela pour faire à ce sujet un plus grand nombre d'observations, rendues d'ailleurs difficiles par l'abondance de la végétation.

Mais il serait peut-être intéressant de retrouver sur les filons les directions de grands cercles passant par les sommets d'un pentagone régulier qui se rapproche à première vue d'un des pentagones déterminés par les filons du district de l'Uruguay.

Blocs, alluvions et terres rouges. — La tradition et quelques traces récemment découvertes de l'ancien traitement de l'or (1) font remonter à l'occupation par les Espagnols, et en particulier à la colonisation par les missionnaires, l'exploitation d'importantes alluvions, ainsi que celle d'affleurements et de blocs de quartz riches. Cette dernière a été reprise sur quelques mines, par exemple sur la *Panama*, concurremment avec l'exploitation en profondeur. Mais la présence de l'or dans les alluvions ne nous a été signalée qu'en quantité inexploitable aujourd'hui à une assez grande distance du district filonien, ce qui contribue à faire admettre au Venezuela, comme dans l'Uruguay, l'entraînement par de grands courants diluviens, qui semble résulter d'autre part de considérations étrangères au district filonien et par suite en dehors de notre sujet.

---

1 On nous a cité entre autres de grands creusets qui n'ont pu servir qu'à fondre l'or par quantités relativement considérables, et aussi de gros tas d'alluvions remaniées de main d'homme. Ces traces, trouvées en dehors du district, font attribuer l'exploitation alluvionnaire à l'époque où, grâce à l'influence des missionnaires, le pays était beaucoup plus peuplé.

D'ailleurs, on a pu tirer parti, il y a peu d'années, non seulement de blocs d'affleurement plus ou moins roulés, mais aussi d'une couche de *terre rouge*, souvent très riche, qui, à 2 ou 3 mètres de profondeur dans le sol, forme le chapeau de certains gisements filoniens. Le *mocco de hierro*, auquel nous attribuons une origine éruptive, est aussi aurifère, mais n'a pu encore être exploité, à cause du prix de revient qui est très élevé dans le Venezuela.

§ III. GUYANE FRANÇAISE.

La formation aurifère de la Guyane française embrasse non seulement tout le territoire de cette colonie, avec une importance, il est vrai, très variable et dont le maximum semble affecter la zone d'altitude moyenne (1), mais s'étend encore à l'ouest sur la Guyane hollandaise, et probablement sur la Guyane anglaise, ce qui lui donnerait une apparence de continuité avec la formation venezuelienne. Nous allons voir cependant que les caractères de l'un et l'autre districts diffèrent assez pour motiver leur étude distincte avant d'aborder toute étude comparative.

Caractères généraux. — A première vue, en effet, la Guyane française présente quelques caractères géologiques peu différents de ceux du Caratal, mais par contre des caractères minéralogiques tout opposés. Le relief du sol à l'intérieur est montagneux, et on rencontre la diorite, entre autres roches éruptives, aux environs même de Cayenne; mais d'autre part les quartz visiblement aurifères des rivières exploitées ou *criques* ressemblent beaucoup plus aux quartz que nous avons étudiés dans l'Uruguay. Enfin la Guyane

(1) Dans cette zone, large en moyenne de 30 à 40 kilomètres, et dont l'axe court de l'est à l'ouest entre 50 et 100 kilomètres de distance de la mer, sont compris les placers les plus réputés, qu'administrent des Cayennais ou des Compagnies françaises. Nous citerons dans cette zone riche les Compagnies *Saint-Élie*, *Dieu-Merci*, *Enfin*, des *Mines d'or*, des *Gisements aurifères*; et les placers *Espérance*, *Bonne-Entente*, *Elysée*, *Sursaut*, et *Dorado*, *National*, *Espoir*. C'est sur le placer *Elysée* que la Compagnie générale de la *Mana* a entrepris la première, en 1883, des recherches filoniennes sérieuses, couronnées de succès dès la même année.

présente ce caractère distinctif que les alluvions aurifères y sont, sinon très étendues, du moins très riches sur des points très nombreux de tout le district ; et l'exploitation de la couche alluvionnaire a déjà été faite dans un très grand nombre d'affluents et sous-affluents de divers bassins.

Nos études ont plus spécialement porté en surface sur trois des principaux bassins, la *Comté*, le *Kourou* et la *Mana*, et en profondeur sur le plus important des trois, la *Mana*. Dans ce dernier bassin, nous avons même exécuté de grands travaux qui nous ont conduit à la découverte de la richesse filonienne : or, ce n'est pas sur les quartz à or visible, les seuls remarqués auparavant, que nous avons fondé le plus d'espérances et basé nos recherches souterraines ; mais nous nous sommes appliqué à chercher l'origine de quelques quartz, sans or visible et très riches à l'essai, qui nous rappelaient les riches minerais du Caratal.

D'ailleurs, l'examen attentif des criques exploitées, ainsi que des blocs de quartz et des pépites de la couche aurifère, ne nous a tout d'abord laissé aucun doute sur la faiblesse relative dans cette région des courants diluviens et, par suite sur le voisinage immédiat tant des gisements filoniens qui ont été la source de la richesse alluvionnaire que de ceux qui doivent avoir produit les quartz riches à or fin. Remarquons que ce dernier caractère géologique, relatif à l'intensité des phénomènes diluviens, s'ajoute aux caractères minéralogiques pour nous faire envisager les districts des Guyanes française et venezuelienne comme tout à fait distincts, quelles que soient du reste les analogies que nous constaterons entre eux, analogies de formation et notamment de richesse.

Formations porphyrique et dioritique. — La formation de la Guyane est multiple : ce fait, que la présence de deux roches éruptives nous avait fait pressentir au début même de notre séjour sur le district, nous a été ensuite confirmé par l'observation dans une même fissure de remplissages quartzeux très différents. Les formations semblent s'appuyer sur une grande poussée granitique accompagnée de nombreuses éruptions de quartzites ; sur un point seulement, nous avons pu observer des calcaires dévoniens, et sur d'autres des schistes d'apparence silurienne (1) ; mais on ne voit pas en Guyane de terrains postérieurs à l'époque primaire autres que des alluvions toutes récentes.

Le porphyre et la diorite se rencontrent souvent sur les mêmes points, et il est quelquefois difficile de les distinguer, lorsque l'un et l'autre se présentent au même degré de décomposition ; attendu que le sous-sol est décomposé ici comme au Venezuela, et encore plus profondément, et ne présente en surface qu'une terre très argileuse, généralement rouge, qui passe insensiblement à la roche éruptive dure.

Outre ces deux roches, celle qu'on rencontre le plus fréquemment sur les montagnes est un minerai de fer avec rognons, appelé *roche à ravets*, parce que les rognons ont été presque toujours dissous par l'action des eaux près de la surface. — Cette roche, comme le *mocco de hierro* du Caratal, nous paraît être d'origine éruptive ; mais elle est rarement aurifère, et nous ne pensons pas, comme on l'a prétendu, que sa présence caractérise le voisinage de gisements d'or, alluvionnaires ou filoniens.

D'une manière générale, en Guyane française comme au Venezuela, l'étude du terrain est rendue très difficile par l'abondance de la végétation et la décomposition du sous-sol sur 30 à 40 mètres de profondeur : la nature des roches éruptives n'a pu être connue que parce que certaines éruptions postérieures à cette décomposition, ont produit des blocs superficiels et affleurements de roche compacte dure.

Formations et affleurements de quartz. — Le même phénomène de la décomposition du sol permet, d'autre part, de distinguer les filons quartzeux qui lui sont antérieurs ou postérieurs. On observe, en effet, en Guyane de nombreux affleurements de

---

(1) Nous avons observé le calcaire dévonien au *dégrad* (ou débarcadère) *Clément* sur la Comté, par où l'on se rendait au placer *Espoir* (cet itinéraire est abandonné depuis que nous avons ouvert une route plus directe par le Kourou et le placer *National*). Quant aux schistes siluriens, nous en avons rencontré dans le bassin de la Mana *Elysée*, et aussi sur le Kourou. Nous avons pu ramasser également sur l'*Elysée* quelques échantillons de talc-schistes.

quartz, souvent très puissants, mais stériles ou qui ne présentent plus que de rares mouches d'or à la surface : le quartz en est blanc, cristallin, à cassure irrégulière et d'aspect gras, ou bien saccharoïde à gros grains, blanc jaunâtre ou rougeâtre, ou enfin se rapproche plus ou moins de la texture du silex.

A côté de ces gros affleurements pauvres, nos travaux ont mis à découvert des filons dont l'affleurement est tout à fait irrégulier au sein de la roche décomposée, et qui doivent par conséquent appartenir à une formation beaucoup plus récente : une de ces veines, que nous n'avons trouvée régulière qu'à 28 mètres environ de profondeur verticale, n'avait laissé aucunes traces de cette profondeur jusqu'à 4 ou 5 mètres de la surface, où elle se manifeste seulement par un faisceau de veinules quartzeuses n'accusant à l'essai que des traces d'or.

Les veinules disparaissent souvent pour ne laisser voir, dans certains cas, que des blocs de quartz isolés, dans d'autres que des blocs de roche encaissante à demi décomposée ou compacte, entraînés de la profondeur. D'autre part, les traces d'or très fin, invisibles à l'œil, qui caractérisent les affleurements de cette formation récente, peuvent ne se trouver que dans la roche décomposée qui recouvre le filon.

Tous ces divers caractères ont déjà été observés au Caratal; nous en citerons un dernier que nous n'avons constaté qu'en Guyane française : c'est la présence de traces d'or notables dans une infinité de grains de quartz à peine visibles, disséminés au sein de la roche décomposée.

Le quartz, soit de ces petits grains, soit des veinules, est quelquefois peu cristallin feuilleté, plus souvent cristallin clivable légèrement bleuté ou violacé, avec petites géodes remplies de minerai de fer ou de quartz carié. Mais nous devons ajouter que lorsque les filons riches affleurent en veines, ainsi que nous allons le signaler, ils sont fréquemment caractérisés à l'affleurement, par du quartz amorphe feuilleté, plus ou moins carié et toujours très ferrugineux.

Réouverture des filons anciens. — Les affleurements réguliers de filons riches s'observent aussi en Guyane française, mais seulement dans le cas où un filon de formation ancienne s'est réouvert pour donner passage à une nouvelle émission. C'est ainsi que nous avons pu découvrir des filons riches déjà réguliers en allure à 2 ou 3 mètres au plus de profondeur, donnant à l'essai de l'or fin et dont la teneur moyenne, croissant avec la profondeur, devient exploitable à 15 mètres environ (1).

Jusqu'à cette profondeur, les essais peuvent accuser de très fortes teneurs dans les quartz amorphes, notamment lorsqu'ils présentent des géodes de quartz carié ou d'oxydes de fer, à côté de teneurs tout à fait nulles dans des quartz d'un faciès quelquefois peu différent, mais généralement dépourvus de géodes. Au contraire, au delà de 10 ou 15 mètres, l'allure du filon devient encore plus régulière, et la richesse se concentre dans des quartz cristallins clivables, blanc laiteux ou veinés de parties rougeâtres, tandis que les quartz stériles se détachent nettement des quartz riches et prennent leur faciès ordinaire.

On retrouve bien là, confondus en surface, les caractères des deux formations, et on ne peut mettre en doute l'influence qu'a dû exercer l'émission récente sur la formation ancienne, à savoir l'imprégnation d'or d'une partie au moins de l'affleurement primitif. D'ailleurs, quelques veinules accompagnent toujours la roche encaissante décomposée de ces affleurements complexes, et nous avons pu observer, au voisinage des épontes et assez profondément, quelques blocs quartzeux stériles roulés en forme de galets, que la position des affleurements permettrait difficilement d'attribuer à une action de surface ; et cette observation nous confirme dans l'opinion que ces fissures filoniennes, remplies bien avant la décomposition du sol par une première émission quartzeuse, n'ont dû se réouvrir, pour donner passage à la formation quartzo-aurifère, que lorsque le premier remplissage était depuis longtemps formé et la

____

(1) Le filon *Gabrielle*, qui donne présentement les plus belles espérances sur l'*Elysée*, présente ce caractère de réouverture sur la plus grande partie de son parcours, tandis qu'à l'extrémité de son affleurement vers le sud, on n'observe que la formation récente. Le filon *Augusta*, parallèle au précédent, et à une distance d'environ 500 mètres, est tout de formation récente dans la partie connue.

roche encaissante décomposée, c'est-à-dire à une époque tout à fait récente.

Allure des filons en profondeur. — En raison de la moindre profondeur atteinte par nos travaux actuels en Guyane française, nous ne retrouverons pas dans ce district toute la régularité signalée dans les filons riches du Caratal. Mais nous sommes convaincu que les différences d'allure s'atténueront de plus en plus au fur et à mesure du développement de l'exploitation.

1° Dans les filons que nous avons étudiés, la *direction* est sensiblement constante, et les *rejets*, peu nombreux et peu importants, doivent être attribués à des failles qu'il est difficile d'observer nettement dans la roche décomposée. Malgré des recherches spéciales, nous n'avons pas rencontré de filons croiseurs.

2° L'*inclinaison*, comprise entre 60° et 75° reste constante dans un filon déterminé, et n'est irrégulière qu'en surface, où nous l'avons vue s'abaisser jusqu'à 30° et 20° sur l'horizontale. Dans un même système, les inclinaisons sont de même sens.

3° La *puissance* varie de 0^m.30 à 1^m,20 pour les filons riches, mais dans les filons pauvres elle dépasse fréquemment ces limites, et peut s'annuler ou atteindre sur certains points 4 et 5 mètres, soit en surface soit en profondeur.

4° Les *épontes* bien marquées sont presque toujours accompagnées de salbandes argileuses.

5° La *roche encaissante*, très argileuse et de plus en plus décomposée à mesure qu'on s'approche de la surface, est souvent entraînée de la profondeur au sein du filon sous forme de blocs compacts, qui peuvent également, ainsi que nous l'avons dit, remplacer le quartz des veinules d'affleurement.

Un des filons nous a présenté, jusqu'à plus de 15 mètres de profondeur, des tronçons de 10 à 30 mètres de longueur, séparés par des intervalles au moins aussi longs où n'apparaît aucune trace filonienne. Chacun des tronçons se termine à ses deux extrémités par une partie infléchie dans les deux sens opposés, et chaque inflexion coïncide avec une zone riche suivie d'un brouillage talqueux qui rappelle le brouillage chloriteux observé de même au voisinage d'une grande richesse dans le Caratal. En section horizontale (FIGURE 6), l'ensemble se compose d'une série d'S très allongées, dont toutes les parties droites se suivent sans rejet sur plus

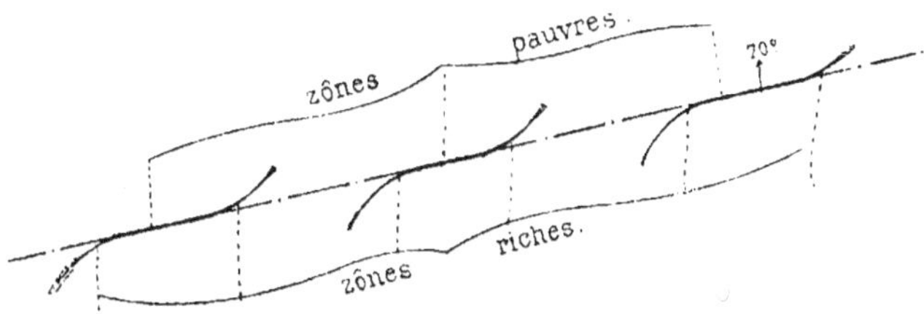

Figure 6.

de 200 mètres en direction. Aussi pensons-nous que les interruptions dues à des influences superficielles ne se prolongeront pas dans la roche dure.

Analogies avec le Venezuela. — Le rapprochement que nous venons de faire entre les deux districts guyanais n'a, il est vrai, qu'un caractère accidentel ; il n'en est pas de même de l'analogie suivante qui s'applique à tout le remplissage de certains filons.

Parmi les divers types de quartz dont nous avons parlé, nous n'avons pu mentionner deux types que nous avons étudiés seulement à l'état de gros blocs roulés (1), mais qui indiquent bien l'existence dans le voisinage d'un filon de même nature et présentant le faciès des filons riches du Caratal.

Ce sont : 1° des quartz cristallins transparents, clivables, colorés en gris bleuâtre foncé, rarement avec de petites géodes de quartz carié ; c'est dans ces quartz que nous avons trouvé, en Guyane, le maximum de richesse régulière en or fin ; et cependant nous ne pouvons passer sous silence d'autres quartz provenant, il est vrai, d'un bassin différent, de même teinte, cristallins, mais à cassure

____

(1) Les quartz dont nous parlons proviennent d'une petite crique (sous-affluent de la Comté. Nous les avons trouvés là en très gros blocs, à peine roulés, et nous avons même observé, dans un canal au pied d'un des versants, une traînée de ces blocs qui doit correspondre à l'affleurement. Mais limité par le temps dans notre mission, nous n'avons pu malheureusement entreprendre sur ce filon, probablement très riche, la moindre recherche souterraine.

conchoïdale et à petites veines blanches, et qui ne nous ont donné à l'essai que quelques points d'or demi gros sur des fragments visiblement géodés.

2° Des quartz saccharoïdes à grains moyens, colorés en gris bleuâtre clair, qui doivent avoir la même origine que le premier type, et sont encore très riches.

La coloration bleue du quartz cristallin passe quelquefois sur des blocs dont la masse est blanche ou rose clair, et les échantillons pris sur ces dernières parties sont un peu moins riches à l'essai. Cette analogie dans le faciès des quartz aurifères, soit blanc laiteux, plus ou moins rosés, ainsi que le sont la généralité des quartz riches de profondeur, soit plus ou moins bleutés comme les types précédents et de nombreux quartz de veinules, s'ajoute à celle que nous avons déjà mentionnée au sujet des caractères d'affleurement, pour permettre de fonder sur l'avenir de la Guyane française des espérances qui se sont déjà réalisées en partie dans le Venezuela, où nous avons vu que l'exploitation reste largement rémunératrice aux profondeurs de 2 à 300 mètres.

Mais l'analogie la plus probante entre ces deux districts consiste dans le mode d'être de l'or au milieu de sa gangue, à l'état de particules très fines invisibles même à la loupe; et c'est surtout de là que résulte notre ferme croyance dans la continuité de la richesse en profondeur.

Directions des filons. — Nous avons relevé dans le bassin de la Mana plusieurs systèmes de directions filoniennes : la direction *Heure VI-VII* que nous n'avons encore trouvée que sur des affleurements stériles, est à peu près celle de la chaîne de Tumuc-Humac, limite sud de la Guyane française, et prolongement du grand soulèvement qui affecte la côte septentrionale de l'Amérique du Sud.

Quant aux filons riches, ils se rattachent à deux ou trois directions principales, dont la plus importante *Heure XI-XII*, constatée sur les filons des placers *Enfin* et *Élysée*, appartient aussi à plusieurs crêtes secondaires et à quelques affluents du même bassin, notamment à toute la portion du grand Lézard qui traverse *Élysée*, sur 3 à 4 kilomètres.

Nous avons également relevé, dans les deux placers ci-dessus, la direction *Heure II*, sur un certain nombre de veines riches ; et il est curieux d'observer que le cours du Maroni, dans sa partie la plus voisine du bassin aurifère de la Mana, donne successivement les directions moyennes *Heure II*, *Heure XI-XII*, puis encore *Heure II*.

Enfin quelques veinules moins bien définies semblent appartenir au système *Heure IX* : ce qui donnerait déjà en Guyane (FIGURE 7) quatre des cinq directions de grands cercles passant par les sommets d'un pentagone régulier qui diffère sensiblement, il est vrai, des pentagones des autres districts. Nous enregistrons simplement ces observations qui devraient être complétées et faites avec plus de soin, si on voulait essayer d'en déduire quelque loi ou théorie générale.

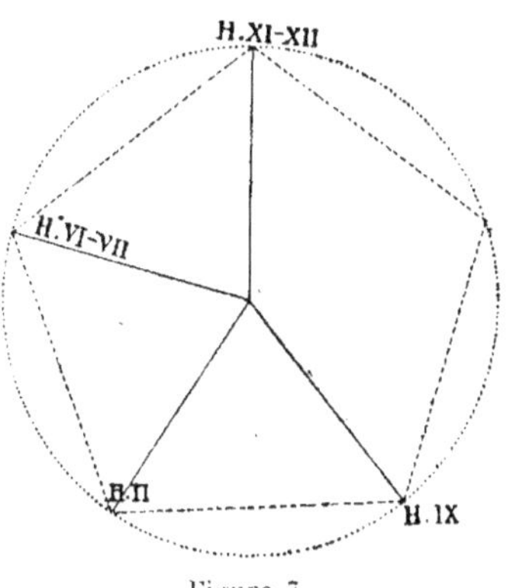

Figure 7.

Directions des alluvions riches. — L'exploitation alluvionnaire, qui a été si développée en Guyane dans ces dernières années, s'est souvent appuyée sur ce fait d'observation que la ligne passant par deux zones riches distinctes va couper d'autres criques voisines précisément sur leurs parties riches. Cette concordance s'explique très bien dans l'hypothèse d'une fissure filonienne commune dont les parties riches affleurantes ont été désagrégées et sont tombées au pied des versants, ou dont l'émission a produit plusieurs zones riches d'alluvions, sans qu'aucun déplacement notable se soit effectué postérieurement en aval suivant les criques. Nous observerons, en outre, que la direction *Heure VI-VII* des filons pauvres est une de celles qui influent le plus sur les alluvions riches, issues généralement, comme notre théorie l'expliquera, des cheminées filoniennes où la richesse n'a pu être que superficielle.

Nous devons enfin mentionner une exploitation particulière, encore plus dépendante des filons que celle des alluvions, c'est le lavage des *terres de montagne* ou chapeaux filoniens, qui a été essayé avec quelque succès notamment dans le bassin du Sinnamary (1). rappelant ainsi l'exploitation de la *terre rouge* au Venezuela ; et nous pensons que cet exemple pourrait être suivi dans d'autres bassins.

Nous avons beaucoup moins de confiance dans le lavage des sables du lit actuel des rivières. quel que soit le procédé employé, attendu que le dépôt de fortes quantités d'or fin, le seul qui aurait pu par entraînement enrichir ces sables sur de grandes étendues. est incompatible avec l'âge très récent aussi bien qu'avec le caractère torrentiel des cours d'eau de la Guyane. Nous reviendrons sur ce sujet en parlant plus généralement des causes qui ont retardé la prospérité de cette colonie, dans notre dernier chapitre. Mais nous voyons bien déjà que. pour ce qui concerne l'industrie minière seule, l'exploitation superficielle alluvionnaire, en Guyane française. est appelée à devenir tout à fait accessoire à côté de l'exploitation en profondeur des gisements d'or filoniens.

(1) C'est sur le placer *Dieu-Merci* que cette exploitation a été entreprise, il y a quelques années, sur un filon qui. d'ailleurs, n'est pas encore étudié en profondeur ; nous pouvons bien dire à ce sujet que, depuis les découvertes sur *Élysée*, la Compagnie de *Saint-Élie* (Sinnamary) est la seule qui a commencé les recherches filoniennes. Quelques essais de minerais de fer de la Mana et de conglomérats de l'Oraput nous font admettre aussi sur ces points la présence de chapeaux filoniens exploitables.

CHAPITRE III

CARACTÈRES COMPARÉS

DES DIVERSES FORMATIONS AURIFÈRES

Rapports de situation et de direction. — Allure régulière des filons riches. — Age relatif des filons. — Remplissage quartzo-aurifère. — Caractères distinctifs des diverses formations. — Formations anciennes à or gros. — Formations récentes à or fin. — Continuité en profondeur. — Influence de la roche éruptive.

Rapports de situation et de direction. — Examinons en premier lieu, au point de vue de leur situation géographique, les trois districts aurifères que nous venons de décrire : les deux derniers, le Venezuela et la Guyane française, peuvent être reliés par une ligne de grand cercle traversant les Guyanes anglaise et hollandaise, où depuis quelques années l'attention commence à se porter sur des gisements d'or. Quant à l'Uruguay, il est assez éloigné des deux autres districts ; et cependant une ligne de grand cercle tracé entre les districts de l'Uruguay et du Venezuela passerait à la fois par les gisements aurifères du Paraguay et le district minier de Matto-Grosso, dans le Brésil.

Le Venezuela est ainsi rattaché à l'Uruguay et à la Guyane française par deux directions *Heure XI-XII* et *Heure VI-VII* que nous avons souvent relevées, du moins approximativement, sur les filons de ces divers districts. Là où nous ne voyons qu'une coïncidence approchée, si des observations plus précises et surtout plus nombreuses peuvent jamais faire établir les bases d'une loi de répartition générale, on ne saurait dans tous les cas arriver à ce résultat avant que les districts soient beaucoup mieux connus et que l'exploitation soit aussi plus avancée en profondeur, c'est-à-dire avant que l'allure des filons puisse être plus exactement déterminée.

Nous mentionnerons ici un caractère filonien qui nous semble plus aisé à admettre que les précédents, parce qu'il repose sur plus d'observations, et que nous essaierons d'ailleurs d'expliquer : nous voulons parler de la situation des centres de production filonienne aurifère. considérée non plus d'un district à l'autre, mais dans le même district par rapport aux grandes chaînes de montagnes et indépendamment de la direction. Dans l'Uruguay, l'absence de grande chaîne voisine ne permet pas de préciser ce rapport. Mais dans le Caratal, qui est un centre montagneux, les principaux filons exploités ou filons riches ne se rencontrent pas sur les sommets maxima, ils affleurent plutôt dans les vallées ou sur les sommets intermédiaires. De même en Guyane il est permis de supposer que ces mêmes filons exploitables, comme la grande majorité des plus riches alluvions, seront circonscrits dans la région d'altitude moyenne ou zone de richesse maxima.

On pourrait expliquer ce fait. comme on a expliqué l'abondance des volcans sur les bords de la mer au voisinage de hautes chaînes. par un minimum de résistance de l'écorce terrestre dans cette région moyenne qui sépare le centre ou l'arête de soulèvement maximum de la zone réellement ou relativement déprimée. — Nous nous bornons à appeler l'attention sur tous ces rapports encore trop peu étudiés. pour nous occuper surtout de caractères bien plus évidents. communs aux diverses formations aurifères. notamment de *l'allure régulière des filons* et des *lois de variation de la richesse en profondeur.*

Allure régulière des filons riches. — Les trois principaux éléments de l'allure sont. par ordre d'importance au point de vue industriel. la *puissance*, l'*inclinaison* et la *direction*. Il convient ensuite d'examiner les accidents que celle-ci peut présenter, tels que les *rejets*, et enfin la nature de la *roche encais-*

sante qui forme les *épontes* et leur donne plus ou moins de régularité :

1° Nous n'avons jamais vu, dans les filons riches, la *puissance* dépasser 2 mètres ; elle est généralement comprise entre 0^m,50 et 1 mètre, et si un renflement se produit sur un point de la direction, il affecte presque toujours une colonne indéfinie en profondeur.

2° L'*inclinaison* peut varier beaucoup d'un district à l'autre ; mais à 10° près environ, elle est caractéristique du district, et dans un même filon elle est tout à fait constante, sauf de rares exceptions et surtout en profondeur.

3° Une fissure filonienne ne présente au plus sur toute sa longueur que deux *directions* moyennes notablement différentes ; nous ferons remarquer à ce sujet qu'il n'est pas possible pratiquement d'observer la direction moyenne avec plus d'approximation qu'à 3 ou 4 degrés près (1), attendu que les fissures ne se sont pas produites sur la calotte sphérique suivant des lignes mathématiques, c'est-à-dire tout à fait régulières.

4° Les filons à richesse superficielle nous ont seuls paru avoir subi des *rejets* importants : ce sont d'ailleurs ces mêmes filons que nous serons conduit théoriquement à admettre comme étant les plus anciens parmi les filons riches.

5° La *roche encaissante* est presque toujours une roche éruptive,

---

(1) C'est cette impossibilité de déterminer exactement la direction moyenne d'un filon qui nous a fait adopter, pour la désigner, la division du cercle en heures. Le demi-cercle étant divisé, du nord vers l'est en 12 heures, plus 12 divisions intermédiaires, chaque division donne la direction filonienne avec une erreur maxima de 3°,45'. Dans la pratique, les variations de cet ordre s'observent très bien, suivant l'étendue de l'observation sur les filons dont la section horizontale affecte la forme d'une ligne brisée à deux directions alternantes (voir la fig. 4). Mais même sur les filons à direction uniforme, l'observation faite avec soin sur une étendue variable de l'éponte la plus régulière donne encore des variations qui dépassent souvent 1° et 2°.

D'ailleurs, y a-t-il quelque raison d'admettre une précision mathématique dans la manifestation de phénomènes aussi violents que ceux qui ont produit les fissures filoniennes? Pour notre part, nous voyons autant d'irrégularité dans certaines lois physiques qui régissent les phénomènes terrestres qu'il y a de régularité dans les lois astronomiques qui gouvernent l'univers. Et le désordre relatif, si nous pouvons nous exprimer ainsi, d'un des corps célestes pris isolément, ne saurait troubler l'ordre admirable de leur ensemble.

porphyre ou diorite ; et sa formation, dans la plupart des cas, n'a pas dû précéder de beaucoup l'éruption quartzeuse correspondante, car elle est souvent influencée, surtout lorsqu'il ne s'agit pas d'une fissure réouverte, par le remplissage filonien au point de devenir schisteuse avec feuillets parallèles au filon, au moins dans son voisinage immédiat. Mais ordinairement il ne s'est produit entre la roche et le filon qu'une *salbande* argileuse, chargée seulement quelquefois de minéraux étrangers, tels que le talc ou la chlorite, de pyrites ou d'oxydes de fer.

6° Avec une salbande, les *épontes* sont régulières ; et si une seule a été influencée, ce n'est généralement pas le *toit*, mais bien le *mur* qui a subi l'altération de forme, ou a été traversé par des veinules de même nature que la veine principale, ou encore a été plus ou moins imprégné d'or.

Age relatif des filons. — Lorsque la roche encaissante, sous l'influence des actions atmosphériques, est décomposée par la kaolinisation du feldspath, la plupart des filons pauvres ne présentent rien de particulier, mais les filons riches sont fortement influencés à leur affleurement.

Nous en avons conclu que ces derniers sont d'origine postérieure à la décomposition du sous-sol, et qu'au moment de leur formation la fissure nette, produite par fracture violente dans la roche dure compacte, n'a pu se prolonger au sein de la roche argileuse. De la sorte, le remplissage quartzo-aurifère, au lieu de former une veine régulière comme en profondeur, s'est divisé, près de la surface, en un grand nombre de veinules formant éventail, ou n'a laissé dans cette couche superficielle que des blocs isolés, quelquefois même rien qu'une simple imprégnation aurifère. Nous avons aussi observé dans quelques cas la roche décomposée criblée d'une infinité de petits grains de quartz plus ou moins riches ; enfin nous avons cité comme phénomène accessoire l'entraînement de blocs de roche compacte ou à demi décomposée.

Quant à déterminer plus exactement l'âge de ces diverses formations, nous voyons bien que les plus récentes ne sauraient appartenir qu'à la période quaternaire ; mais ce n'est que par analogie avec certaines formations aurifères du continent européen que nous pouvons attribuer les plus anciennes à l'époque primaire. Entre ces deux limites, les termes de comparaison nous manquent dans les districts que nous avons étudiés. Toutefois, nous n'hésitons pas à admettre qu'il a dû se produire des formations intermédiaires, notamment dans le district de l'Uruguay, celui des trois qui semble le moins obéir, dans quelques-uns de ses filons, aux lois de formation que nous formulerons plus loin. Nous avons bien observé dans l'Uruguay quelques témoins des époques secondaire et tertiaire ; mais le peu d'importance des filons, au point de vue de la richesse, n'a pas permis de développer les travaux soit en profondeur, soit au voisinage de ces terrains, au point d'établir la liaison de ces derniers avec les formations quartzo-aurifères.

Remplissage quartzo-aurifère. — Le véhicule de l'or dans les filons, ou sa *gangue*, est toujours le quartz, sous l'une ou l'autre de ses nombreuses variétés, cristallines ou amorphes, que nous rattacherons à six types principaux :

1° Quartz cristallin compacte, opaque et blanc de lait, ou plus ou moins transparent et gris bleuâtre ; l'une et l'autre variétés sont généralement clivables ;

2° Quartz cristallin saccharoïde à grains moyens et bleuâtre clair ou violacé ;

3° Quartz cristallin gris de fumée plus ou moins transparent ; nous n'avons observé ce dernier type, quelquefois très riche, que dans les quartz d'alluvions, et toujours accompagné d'or visible sous forme de pépites ;

4° Quartz amorphe ou simplement feuilleté, à coloration rouge ou violacée ;

5° Quartz pourri (1) à coloration brune ou rouge foncé, toujours mélangé d'oxydes de fer plus ou moins feuilleté et souvent très friable ;

(1) Cette variété, que nous n'avons pas eu occasion de mentionner dans le chapitre précédent, est cependant fréquente en Guyane française. Nous en avons essayé de nombreux échantillons de divers placers, et entre autres de *Saint-Pierre* (bassin de la Mana) ; nos travaux de surface nous en ont aussi donné qui, d'après l'opinion d'un de nos bons maîtres-mineurs, rappellent certains minerais riches des filons aurifères de Colombie, qu'on a déjà exploités sous le nom de *quartzo podrido*, jusqu'à plus de 80 mètres de profondeur.

6° Quartz carié, blanc pulvérulent, qu'on trouve surtout dans les géodes ou dans les failles des types précédents.

Au contraire, les quartz cristallins à cassure irrégulière et aspect gras, les quartz cristallins saccharoïdes à gros grains et à grains fins, blancs, quelquefois d'un blanc sale ou jaunâtre, sont généralement stériles, de même que les quartz silex et les quartz jaspes. Dans les quartz cristallins, la cassure est généralement un indice de pauvreté plus certain que la couleur ; et on remarquera que nous n'avons pas mis la coloration rouge, si fréquente dans les quartz cristallins riches ou pauvres, au nombre des caractères qui peuvent faire croire à leur richesse.

L'or disparaît aussi dans les filons lorsque le quartz est accidentellement remplacé par un remplissage chloriteux ou talqueux, qui, néanmoins, avoisine souvent les parties les plus riches.

Les métaux étrangers, cuivre, plomb, etc... sont très rares, même sous forme pyriteuse. L'*argent* est allié intimement à l'or, presque toujours en proportion notable, de 0 à 5 p. 100 en poids, quelquefois plus. Mais le métal qu'on rencontre en plus grande abondance à côté du métal précieux, c'est le *fer*, le plus souvent, du moins en surface, à l'état d'oxydes (bioxyde, sesquioxyde, fer oxydulé magnétique), et dans la profondeur à l'état de pyrites à grains fins ou de fer oxydulé. Dans quelques cas, les oxydes sont manganésifères et les pyrites sont arsénicales.

Nous avons d'ailleurs observé que les pyrites en gros cristaux ne sont que peu ou pas aurifères.

Caractères distinctifs des diverses formations. — D'après ce qui précède, la composition assez uniforme du remplissage des fissures s'ajoute à leur allure régulière pour donner aux gisements filoniens des divers districts un faciès général à peu près identique. Mais le caractère le plus important à noter est la *loi de variation de la richesse en profondeur*, loi qui diffère suivant les formations, mais reste constante d'un district à l'autre pour les formations de même âge ou du moins analogues. Or, nous avons distingué deux ou plusieurs formations dans chacun des trois districts précédemment étudiés.

Dans l'*Uruguay*, nous avons observé sur les mêmes fissures de petites veines riches en or gros, mais seulement en surface ou du moins jusqu'à de faibles profondeurs, à côté de veines plus puissantes mais stériles. Nous avons mentionné aussi quelques filons pyriteux à or fin, également à richesse superficielle.

Le *Venezuela* possède de nombreux filons stériles, mais d'autre part plusieurs filons très riches en or fin, continus en profondeur.

Enfin la *Guyane française* donne à la fois des affleurements à gros or, des filons stériles et aussi des filons réguliers à or fin, soit isolés, soit dans des fissures communes avec des veines stériles.

Nous pouvons rattacher ces divers gisements, et en particulier ceux du Venezuela et de la Guyane française, à deux formations types, en les distinguant non plus d'après les caractères d'affleurement qui nous les ont fait juger *antérieure* et *postérieure* à la décomposition de la roche du sous-sol, mais d'après le mode d'être de l'or, *gros* ou *fin*, au milieu de sa gangue; nous verrons d'ailleurs, par des considérations théoriques, que ces deux classifications doivent se correspondre, comme l'observation générale le démontre.

Quant aux formations de l'Uruguay, où manque notre terme de comparaison, la décomposition du sous-sol, de même que nous sommes porté à les attribuer à une époque intermédiaire, de même nous avons constaté que leur richesse n'est pas entièrement superficielle, mais cependant décroît très rapidement en profondeur et, de plus, se manifeste tantôt en or fin, tantôt en or gros.

Formations anciennes à or gros. — Les formations les plus anciennes, qui ont précédé la décomposition du sous-sol et par suite présentent un affleurement régulier, ont donné lieu au remplissage quartzeux stérile ou riche seulement à la partie superficielle qui est plus ou moins désagrégée aujourd'hui.

Dans les quartz de ces formations, l'or qui peut y être contenu est ordinairement visible à l'œil après deux ou trois coups de marteau, c'est-à-dire qu'il est nettement séparé de sa gangue, sous forme de clous, mouches, ou feuilles (*oro voleador*) (1), plus rare-

(1) L'or en feuilles, que les formations à richesse continue ne nous ont jamais présenté, ne se rencontre même pas fréquemment dans les formations

ment à l'état d'or fin, et alors mélangé à l'oxyde de fer et au quartz carié; d'ailleurs le métal précieux affecte presque toujours les géodes ou les plaques de clivage. C'est cette dernière circonstance qui facilite surtout la cassure suivant les parties aurifères; et alors même que l'or forme comme un clou dans le quartz compacte, on comprend que ce clou se comporte au milieu d'un caillou ou d'un bloc comme une *paille* dans une barre de métal.

Mais si on détache du bloc les parties visiblement aurifères et qu'on soumette à l'essai par broyage et lavage le quartz compacte et homogène, on n'y trouve plus trace d'or. Il semble donc que ces formations anciennes, puissantes, sont encore caractérisées par une séparation nette de la gangue et du métal sur un même bloc, telle que nous l'avons constatée déjà sur tout le remplissage, dans l'ensemble de la zone aurifère.

Notons en passant que l'explication précédente du cassage facile au marteau d'un bloc suivant les coupes où l'or peut être aperçu s'applique de même à la désagrégation successive, par les agents atmosphériques, des têtes de filons anciens, au fur et à mesure de la désagrégation et de l'entraînement de la roche encaissante, jusqu'à ce que la partie quartzeuse saillante ne soit plus sensiblement aurifère : il en résulte que tout affleurement actuel qui se présente sous la forme d'une haute muraille peut être considéré *a priori* comme stérile.

Formations récentes à or fin. — Dans les formations récentes, c'est-à-dire postérieures à la décomposition en surface de la roche encaissante, l'or est bien quelquefois visible à l'œil en petites mouches, ou à la loupe à l'état d'or fin : mais outre que cette particularité ne se présente que dans quelques plaques ou géodes, l'or est le plus souvent invisible, même sous un fort grossissement, et intimement mélangé à sa gangue dont on ne peut le séparer que par un broyage à l'état de poussière et un lavage convenable.

Nous employons, pour essayer les quartz aurifères et notamment

à richesse superficielle ; nous ne l'avons observé que sur les quartz de quelques filons de l'Uruguay, et notamment d'un filon encaissé dans le granit et assez éloigné du centre du bassin porphyrique.

les quartz à or fin, c'est-à-dire ceux que nous supposons appartenir aux formations les plus récentes, un mortier avec pilon en fonte, un crible en toile métallique aux trous de 1/2 à 3/4 de millimètre, et la batée brésilienne en corne de bœuf, ou *poruña*, que nous décrirons en détail à propos de la recherche proprement dite des filons.

Par ce mode d'essai, nous avons pu obtenir 1 décigramme d'or sur 50 grammes de quartz, soit une teneur de 6,000 francs à la tonne, avec des fragments de la grosseur d'un petit pois, cristallins, transparents et soigneusement triés de manière qu'il n'y paraissait aucun point d'or visible, même à la loupe (1).

On voit par cet exemple que c'est bien un mélange intime et sensiblement homogène de l'or et de sa gangue qui caractérise les formations les plus récentes, celles-là même d'ailleurs dont nous avons vu que la richesse est restée à peu près constante jusqu'aux profondeurs de 200 et 300 mètres, atteintes par l'exploitation dans les filons du district venezuélien. Cependant un des filons les plus riches de ce district se fait remarquer, du moins sur toute la hauteur d'une zone locale, par sa teneur exceptionnelle avec gros clous et mouches d'or visible ; nous nous réservons de donner plus loin l'explication théorique de ce fait particulier et de le faire rentrer dans la loi générale de la formation des gisements filoniens aurifères.

Continuité en profondeur. — La distinction que nous avons établie dans le chapitre précédent et que nous venons de rappeler, entre les formations anciennes et les formations récentes, au point de vue de la continuité de la richesse en profondeur, n'est pas absolue ; c'est-à-dire que, s'il est vrai que cette continuité

(1) Cet essai a porté sur le quartz sans or visible extrait d'une grosse pépite de 1 kil. 600 gr. du bassin de la Mana, qui nous a donné après broyage 1 kil. 050 gr. d'or ; nous l'avons cité pour mieux faire ressortir qu'une grande richesse peut se dissimuler dans le quartz à l'état tout à fait invisible.

Les quartz de filons n'atteignent pas cette richesse, mais donnent au même essai tout l'or qu'ils contiennent, invisible même sous le plus fort grossissement de la loupe. Nous indiquerons, en décrivant l'essai, le moyen que nous employons couramment pour reconnaître par cette opération si le quartz appartient à une formation ancienne ou récente.

de richesse ne se rencontre que dans les formations récentes, réciproquement tous les filons de formation récente ne présentent pas nécessairement ce même caractère; et on doit dès lors admettre qu'il y a eu des formations quartzeuses, pauvres, contemporaines ou du moins appartenant à l'époque géologique des formations riches et continues en profondeur.

Certaines fissures filoniennes nous ont paru, en effet, affleurer avec les caractères d'irrégularité, notamment la division en veinules, des formations récentes, sans cependant en avoir la richesse ni en surface ni en profondeur.

Bien plus, dans les filons riches, la richesse continue en profondeur n'est pas nécessairement continue en direction, et il est même rare qu'elle s'étende à toute la longueur de la fissure : elle semble, au contraire, en général n'affecter qu'une ou plusieurs zones, dirigées ordinairement suivant la ligne de plus grande pente du plan de la fissure.

Nous avons vu au Caratal la longueur en direction de ces zones dépasser 100 et même 150 mètres, tandis qu'en Guyane française, où l'exploitation n'est pas encore développée, nous avons eu seulement de fortes raisons de croire que les zones riches, restreintes mais rapprochées des parties superficielles, se réuniront en profondeur lorsque la veine aura pris dans la roche compacte toute sa régularité d'allure.

D'autre part, nous avons bien observé des colonnes riches affleurant presque à la surface, au sein de la roche décomposée, mais cela ne prouve nullement qu'elles soient d'origine ancienne : nous avons suffisamment expliqué cette particularité, fréquente en Guyane française, par la réouverture récente d'un ancien filon ; et si les deux formations ont en surface leurs caractères confondus, on les voit se séparer nettement, même à une faible profondeur.

Enfin, signalons une dernière exception, mais qui n'est aussi qu'apparente, pour les formations comme celles de l'Uruguay qui nous paraissent avoir subi une réouverture assez récente (1), et où

1) Rappelons, en effet, que la dernière formation de l'Uruguay qui a immédiatement suivi cette réouverture, est apparemment postérieure aux grandes érosions qui ont laissé dans la région les cerros d'origine tertiaire, aussi bien qu'aux phénomènes qui ont produit sur les premières formations des

nous avons vu cependant la richesse, en or généralement assez gros, se réduire à zéro à une petite profondeur, rarement au delà de 10 mètres et, le plus souvent, à très peu de distance de l'affleurement. Nous disons que cette exception n'est qu'apparente, car elle rentrera dans la règle générale et la confirmera même lorsqu'on aura pu établir directement ce qu'il nous est déjà permis de supposer, à savoir que cette formation riche est d'un âge moyen et doit être attribuée à l'époque tertiaire.

Influence de la roche éruptive. — Nous terminerons la comparaison des caractères que présentent les diverses formations aurifères en disant quelques mots du peu d'influence que semble avoir exercé la roche éruptive sur le remplissage filonien quartzeux. Nous avons constaté, il est vrai, que la roche encaissante des filons, indépendamment de sa nature, avait influé par son état de décomposition plus ou moins avancée sur la régularité de l'affleurement. Mais il ne nous a pas été possible de voir encore un rapport bien déterminé entre la nature de cette roche et la richesse filonienne.

Nous avons vu, d'une part, dans le premier district, le porphyre à grains fins encaisser de préférence les filons les plus riches, alors qu'on trouve surtout des filons stériles dans le porphyre à gros grains euritiques. Mais sous ces divers états, le porphyre est à peu près la seule roche éruptive qui accompagne toutes les formations, tant les plus anciennes que celles dont l'âge est probablement intermédiaire, et qui sont, dans tous les cas, peu riches, du district de l'Uruguay.

D'autre part, la diorite peut aussi se présenter sous diverses variétés, cristalline ou presque amorphe, à grosses facettes ou à grains très fins, brune ou verdâtre; mais c'est toujours la seule roche éruptive dans laquelle paraissent encaissés tous les filons du Venezuela qui forment le district du Caratal, et nous avons reconnu

rejets marquant un arrêt brusque de la richesse ; d'autre part, la nature du remplissage et le mode d'être de l'or au milieu de sa gangue s'opposent à ce que nous assimilions cette formation riche à celles plus récentes, observées dans les Guyanes.

parmi ces filons des formations pauvres anciennes et des formations riches très récentes.

Il serait difficile de conclure de ces observations que telle ou telle roche éruptive caractérise l'une ou l'autre classe de formations aurifères ; cependant il est permis d'émettre quelques présomptions sur le plus ou moins d'influence d'une variété de roche ; et, dans tous les cas, nous espérons qu'en Guyane française, où se rencontrent à la fois les deux roches éruptives et les divers types de formations, et où la décomposition du sous-sol n'est qu'un obstacle superficiel à la détermination exacte de la roche encaissante, il sera un jour possible, à la suite de travaux nombreux et développés en profondeur, de résoudre la question et d'ajouter peut-être ainsi un nouvel élément à l'ensemble des principes sur lesquels repose déjà la recherche des filons aurifères riches.

CHAPITRE IV

ORIGINE ET FORMATION PROBABLES DE L'OR

EN GUYANE

Origine éruptive. — Caractères principaux des alluvions. — Formation directe
par vapeurs. — Hypothèse des éruptions filoniennes. — 1° Filons anciens à
richesse superficielle. — 2° Filons quartzeux stériles. — 3° Filons récents à
richesse continue. — 4° Filons d'âge intermédiaire. — Objections à l'hypothèse des émanations lentes. — Influence du refroidissement. — Or fin et or
gros. — Formation de la couche alluvionnaire. — Terres et gravier de montagne.

A la suite de nos travaux et observations sur les districts de
l'Uruguay et du Venezuela, nous avions déjà conçu, il y a plus de
trois ans, la première idée de la théorie que nous allons exposer
sur l'origine et le mode de formation des gisements aurifères.
Mais nous avons attendu pour la formuler par écrit, non seulement
de l'avoir mûrement étudiée, mais surtout d'être arrivé à un
résultat pratique dans son application.

Nous nous croyons pleinement autorisé à faire l'exposé de cette
théorie, aujourd'hui que nous avons pu, grâce à nos études en
surface et à nos recherches en profondeur, découvrir dans la
Guyane française, et en particulier sur le bassin de la *Mana*, des
filons d'or exploitables avec grand bénéfice et dont la richesse
présente tous les caractères de continuité en profondeur, observés
sur les riches filons du Caratal.

Aussi parlerons-nous plus spécialement de la Guyane française où nous avons le mieux étudié et les gisements alluvionnaires et les gisements filoniens; mais notre théorie s'applique très bien aux gisements aurifères du Venezuela, et même à ceux de l'Uruguay en tenant compte de leur âge intermédiaire, et nous pensons qu'elle pourra s'étendre à toutes les formations aurifères, au moins dans l'Amérique du Sud.

Origine éruptive. — La première question que nous devions nous poser dans nos recherches au point de vue technique était de savoir comment ont pu se former d'une part les gisements alluvionnaires et d'autre part les gisements filoniens : nous avons toujours pensé que l'or des uns et des autres, comme d'ailleurs la plus grande partie des métaux, a dû d'abord provenir des profondeurs de la terre, et que le métal précieux en particulier n'a pu se manifester à la surface qu'en passant par des cheminées d'origine éruptive.

Cette hypothèse sur l'origine de l'or ne préjuge rien sur la manière dont s'est formé le remplissage quartzo-aurifère des fissures filoniennes. Mais quel qu'ait été ce mode de formation, si nous ne tenons compte que des manifestations les plus évidentes du dépôt de l'or, nous devrons nous demander, au début même de notre étude, si la désagrégation des têtes de filons une fois formés a pu suffire à produire toutes les alluvions aurifères connues.

Nous voulons bien admettre, comme on l'a prétendu notamment pour des formations de l'Amérique du Nord, qu'un dissolvant, tel que des eaux chaudes alcalines, a pu, dans certains cas, servir de véhicule à l'or, pour le porter de la profondeur des cheminées filoniennes à la surface (1). Nous n'avons malheureusement rien constaté qui puisse nous porter à généraliser cette explication, et nous ne voyons pas que ce transport de l'or par dissolu-

---

(1 C'est l'opinion que M. *Laur* a développé en parlant des gisements aurifères de la Californie ; loin de mettre en doute les faits que M. Laur invoque à l'appui de sa théorie, nous voyons dans cette dernière certains points communs avec celle qui va suivre, notamment l'origine commune des filons et des alluvions, et par suite la prédominance d'une formation directe des alluvions sur leur formation par désagrégation des têtes de filons.

Mais de l'observation actuelle de sources chaudes alcalines, au voisinage

tion soit applicable aux gisements alluvionnaires de l'Amérique du Sud. Nous avons, en effet, observé dans la Guyane française, le district le plus riche de ce continent au point de vue des alluvions, non seulement une très grande irrégularité dans l'allure générale de la couche, mais aussi des variations très nombreuses et souvent très brusques dans sa richesse soit en étendue, soit sur l'épaisseur.

Nous n'avons pu trouver de ces diverses particularités une explication plus plausible qu'après nous être rendu compte des différences essentielles que nous avons vues plus tard se manifester dans le mode d'être de l'or au milieu de sa gangue et dans la répartition de la richesse en profondeur sur les gisements filoniens, et après avoir trouvé théoriquement la cause de ces différences. C'est ainsi que nous avons été conduit à admettre un mode de formation commun aux filons et aux alluvions, la formation par condensation directe des vapeurs.

Caractères principaux des alluvions. — Pour arriver à l'exposé de cette théorie, nous procéderons comme dans la pratique, où nos recherches et nos travaux sur les filons ont été précédés d'une première étude beaucoup plus facile. C'est en effet en Guyane française, dans une région essentiellement boisée et par suite difficilement praticable, que nous avons exécuté ces recherches filoniennes, et on comprend bien que leur point de départ devait être l'examen attentif des alluvions aurifères sur les chantiers d'exploitation ou même de prospection, seules parties plus ou moins déboisées et où le terrain est remué jusqu'à 2 et 3 mètres de profondeur.

Sans entrer dans une description complète de la couche alluvionnaire, nous grouperons sous trois chefs principaux les seuls caractères qui se rattachent à notre sujet :

1° On trouve en premier lieu dans les alluvions des pépites dont

desquelles on trouve l'or dans des dépôts siliceux plus ou moins semblables au remplissage de quelques filons, nous ne saurions conclure que le phénomène a toujours dû se passer ainsi. Bien plus, les dégagements de vapeurs qui avoisinent ces sources semblent témoigner encore de l'action antérieure de la vapeur d'eau, qui a dû même être exclusive aux époques plus reculées où l'intensité du phénomène éruptif était incomparablement plus grande.

l'or n'a pas en général la même texture que l'or trouvé en place dans les filons quartzeux, surtout en profondeur; et les fragments de quartz englobés dans ces pépites présentent même le plus souvent un faciès notablement différent de celui qui appartient aux quartz filoniens: nous avons mentionné entre autres le quartz cristallin gris de fumée plus ou moins transparent.

2° En second lieu, la richesse de la couche alluvionnaire présente de grandes variations tant en profondeur que suivant l'étendue de la couche. Nous avons fait observer, en effet, que cette richesse n'est constatée que sur une partie relativement faible du cours des criques; elle a aussi des valeurs inégales sur les deux côtés et au milieu de la crique : les variations sur la longueur sont même tellement brusques qu'on passe souvent en remontant d'un maximum à une richesse nulle.

De même il n'y a pas de loi uniforme de variation en profondeur: car la teneur est tantôt plus élevée à la base, tantôt au sommet de la couche, quelquefois sensiblement constante sur toute l'épaisseur.

3° Enfin, le relief montagneux de la Guyane, d'après la situation et l'allure de ses alluvions, toujours encaissées dans le fond des vallées, est évidemment antérieur à la formation de ces mêmes alluvions; si l'on tient compte du parallélisme de quelques crêtes avec certains systèmes de filons, il serait au plus contemporain de la formation des fissures correspondantes et aurait du moins précédé les derniers remplissages et par suite les alluvions les plus récentes; on peut alors admettre que d'autres alluvions plus anciennes, soulevées par les mouvements de terrain dont nous parlons, auraient été ensuite remaniées et entraînées au fond des vallées actuelles, de manière à ne former avec l'alluvion récente qu'une seule et même couche, comme l'observation semble le démontrer (1).

(1) La couche de Guyane présente, en effet, toujours le même faciès général partout où elle existe; mais nous devons mentionner un caractère de l'alluvion qui n'échappe pas surtout aux prospecteurs.

Sur certains points du district, notamment dans les régions les plus élevées des terres hautes, la couche proprement dite n'existe même pas dans les vallées, et au lieu du mélange de sables, de graviers et de blocs quartzeux ou de roches diverses, on ne trouve au-dessous de la terre végétale qu'une couche

Formation directe par vapeurs. — Notre hypothèse d'alluvions de différents âges ne repose d'ailleurs sur aucune observation spéciale faite en Guyane, et il est plus rationnel de n'admettre dans ce district qu'une seule formation alluvionnaire, postérieure à une immense formation argileuse qui supporte les alluvions dans le fond des criques et qui résulte de la décomposition et de la désagrégation préalables des roches encaissantes.

Ce dernier phénomène laissant à nu les affleurements quartzeux, il est bien certain que la désagrégation du quartz d'affleurement a dû contribuer à former les alluvions : mais il résulte aussi du premier des caractères ci-dessus mentionnés que la richesse de la couche ne doit pas être toute attribuée au seul phénomène de désagrégation. D'autre part, nous voyons par les deux autres caractères que cette même richesse, essentiellement irrégulière, n'a pu être, même en partie, le résultat d'un phénomène de sédimentation au sein d'une masse liquide qui, d'après la configuration antérieure du sol, n'aurait pu s'y trouver en repos. Enfin la nature argileuse du sous-sol de toute la Guyane, qui était décomposé au moment de la formation des alluvions, nous semble également incompatible avec l'hypothèse des filtrations lentes.

Il ne nous reste plus, dès lors, qu'à attribuer à une grande partie de ces gisements le même mode de formation qui est admis depuis longtemps déjà pour un grand nombre de filons métallifères, sauf à vérifier ensuite si ce mode est en particulier applicable aux filons aurifères de la Guyane. En d'autres termes, nous allons admettre que les quartz alluvionnaires sont composés de quartz résultant de la désagrégation des têtes de filons (ce sont surtout les quartz roulés et les sables quartzeux), et de quartz (généralement les fragments les plus anguleux) qui, avec la totalité des quartz des remplissages filoniens, sont le résultat du refroidissement et de la condensation directe, tant à la surface du sol que

de sable d'ailleurs entièrement stérile. Nous regrettons de n'avoir pas vu nous-même ces zones de stérilité quelquefois très étendues ; mais nous pensons qu'on doit attribuer le sable qui les caractérise à la désagrégation de roches granitiques, et que ces zones sont tout à fait dépourvues de gisements filoniens de l'une ou l'autre formation, ce qui concorderait avec l'observation générale faite au début du chapitre précédent.

dans la profondeur des fissures, d'un mélange plus ou moins complexe de vapeurs émises par les cheminées filoniennes. Tel est le point de départ de la théorie de la formation des filons aurifères que nous nous proposons de développer ici, en faisant varier les diverses circonstances qui ont pu se produire au moment du remplissage; et sa confirmation résultera de l'ensemble des observations que nous avons déjà présentées sur la répartition de la richesse en profondeur dans les gisements d'or filoniens.

Hypothèse des éruptions filoniennes. — L'hypothèse fondamentale de notre théorie consiste à admettre que le *quartz* et l'*or* ont été d'abord émis à l'état de vapeurs violemment projetées des profondeurs de la terre dans les fissures. Et nous ne voulons pas dire par là que le mélange était uniquement composé de vapeurs de silice et de vapeurs d'or : il est au contraire probable que ces deux corps entraient en composition avec d'autres éléments, pour former par exemple du fluorure de silicium, et que ces autres éléments plus volatils ne se sont condensés ni dans la cheminée ni à la surface. On constate aussi dans la plupart des filons aurifères la présence de métaux étrangers, et notamment du fer, tantôt à l'état d'oxydule, tantôt à l'état de pyrites plus ou moins décomposées.

On doit enfin admettre que la vapeur d'eau faisait partie du mélange; car on ne saurait expliquer autrement la présence dans le quartz même le plus cristallin d'une infinité de petites géodes que le microscope seul permet d'apercevoir. D'ailleurs, la vapeur d'eau pourrait bien n'avoir pas seulement donné lieu à une action de présence, mais avoir aussi servi de véhicule aux autres corps, soit solides et alors infiniment divisés, soit plutôt en vapeurs, de manière à leur communiquer une force de tension en rapport avec la tension de la vapeur d'eau elle-même.

Quoi qu'il en soit, il est facile de concevoir que la vitesse de projection à travers l'écorce terrestre devait être en rapport direct avec la tension du mélange des vapeurs; ce qui revient à dire que la force d'émission a été d'autant plus grande que la température était elle-même plus élevée.

Or, il serait téméraire d'affirmer que cette force d'émission ou cette tension des vapeurs a été la même à toutes les époques, c'est-à-dire en particulier pour toutes les formations aurifères.

Sans compter, en effet, l'influence de nombreux éléments du problème qui nous échappent, il est permis de conclure du simple refroidissement progressif de l'écorce terrestre, que la température à laquelle se sont produites les plus anciennes émissions métallifères, comme en général les plus anciens phénomènes volcaniques, était beaucoup plus élevée que celle des éruptions et des formations filoniennes les plus récentes.

Examinons les conséquences de cette hypothèse au point de vue de la formation du remplissage quartzo-aurifère, et notamment de la répartition et du mode d'être de l'or au milieu de sa gangue quartzeuse.

1° Filons anciens à richesse superficielle. — Considérons, en premier lieu, un mélange de vapeurs essentiellement composé de vapeurs siliceuses et aurifères en même temps que de vapeur d'eau, et supposons que ce mélange soit projeté dans une fissure filonienne avec une très grande vitesse, c'est-à-dire sous l'influence d'une forte pression, correspondant à une température très élevée qui ne nous semble pas incompatible avec les phénomènes éruptifs de l'époque primaire.

Comme le quartz et l'or à l'état solide ont une densité très différente et bien que le premier de ces corps n'ait pu encore être réduit à l'état de vapeur dans nos laboratoires, il est probable et nous admettrons que les poids spécifiques de leurs vapeurs diffèrent sinon dans la même proportion, du moins dans le même sens, et par suite que, dans les mêmes circonstances de température et de pression, la vapeur d'or est beaucoup plus lourde que la vapeur de quartz.

Dès lors, l'influence de la pesanteur étant par hypothèse négligeable, l'or a dû se porter tout à la partie supérieure, c'est-à-dire venir se refroidir et se solidifier, ou, si l'on veut, se déposer, soit dans la cheminée près de la surface, soit même au dehors (1); et dans ce cas,

(1. Il ne s'agirait que d'un simple dépôt si l'on admettait que la vapeur d'eau a servi simplement de véhicule à des particules solides infiniment divisées de quartz et d'or; mais, outre que ce mode de formation est bien peu vraisemblable, les considérations suivantes sur l'influence du refroidissement nous portent à admettre de préférence l'émission en vapeurs, de telle sorte

bien qu'on doive admettre que la séparation du quartz et de l'or n'a
pas été parfaite, le quartz ayant été entraîné avec l'or en plus ou moins
grande proportion, toute la richesse devait tendre à se concentrer
dans l'affleurement, dans les blocs de surface et dans les alluvions.

Nous verrons aussi, en parlant plus en détail des conditions du
refroidissement, que, dans ces formations, l'or devait tendre à s'iso-
ler en plus gros fragments, c'est-à-dire former des clous, des
mouches et des pépites.

2° Filons quartzeux stériles. — Nous ne pouvons pas supposer que la force d'émission ait été assez faible pour laisser pré-
dominer l'influence de la pesanteur, car dans ce cas il n'y aurait
pas eu, à proprement parler, d'émission. Il faudrait aussi admettre
que le phénomène s'est produit à une température très basse, et, dès
lors, les substances n'auraient pu atteindre l'état de fluidité nécessaire pour leur séparation par densité ou tout au moins la vapeur
d'eau n'aurait pas eu une tension suffisante pour permettre la séparation des particules solides entraînées.

Par suite, si nous observons même dans les districts aurifères de
nombreuses formations quartzeuses complètement stériles en surface et à la profondeur des travaux de recherches quelquefois importants, comme nous en avons exécuté sur plusieurs points, formations qui peuvent, à la vérité, affleurer régulièrement et présenter en
profondeur tous les caractères d'allure filonienne, nous ne devons
pas espérer les voir devenir riches à de plus grandes profondeurs :
ces gisements stériles appartiennent à une formation spéciale uniquement quartzeuse, ou donnant seulement quelques traces métalliques. En d'autres termes, nous ne saurions admettre pour les formations aurifères la loi d'alternance indéfinie, dans le plan du filon,
de couches riches et de couches stériles (1), attendu que, d'après

que la plus ou moins grande proportion de l'un des corps sur telle ou telle
partie de la cheminée ne doit pas seulement être attribuée à l'influence de la
densité, mais aussi à la différence des points de solidification ou condensation de leurs vapeurs.

(1) M. Burat, dans sa *Géologie appliquée* (supplément), après avoir établi
que les gîtes métallifères sont en relation plus ou moins intime avec les roches
éruptives, et en avoir déduit l'origine commune de ces roches et des minerais,

notre théorie, ces dernières, c'est-à-dire les zones simplement quartzeuses, doivent toujours se trouver au-dessous et jamais au-dessus des zones quartzo-aurifères : aucune exploitation d'ailleurs, à notre connaissance, n'a encore infirmé cette conclusion.

Cependant il pourrait se faire, bien que nous ne l'ayons pas observé dans les districts précédemment étudiés, que la richesse n'affectât pas des colonnes dirigées suivant la ligne de plus grande pente du filon, et, par suite, qu'une zone stérile empiétât l'amont-pendage de zones riches. Mais, même dans ce cas, chacune des zones obliques, par rapport à la ligne de plus grande pente, resterait constante en richesse dans le sens de son inclinaison.

3° Filons récents à richesse continue. — Prenons tout de suite comme données une température et une tension beaucoup moindres que dans le premier cas, mais produisant cependant encore une force d'émission notablement supérieure à la pesanteur, c'est-à-dire suffisante pour vaincre la pesanteur et les résistances de frottement contre les parois; circonstance qui a pu se produire dans les formations les plus récentes, et notamment dans celles de la période quaternaire.

Il nous semble rationnel d'admettre alors que le mélange des vapeurs devait tendre à rester plus intime, parce que leur tension, et en particulier la tension de la vapeur d'eau, était juste suffisante pour produire l'émission, mais nullement pour permettre aux molécules les plus lourdes, c'est-à-dire à l'or, de se séparer des parties plus légères. D'ailleurs, en raison même de la température relativement peu élevée, l'émission peut s'être produite à un état plus

passe en revue de nombreux exemples de la continuité des minerais en profondeur compatible avec l'alternance de zones horizontales tantôt riches et tantôt pauvres ou même stériles, notamment dans les gîtes irréguliers; et il met en garde les exploitants contre les craintes que pourrait leur inspirer en profondeur la rencontre d'un appauvrissement ou d'un rétrécissement du remplissage filonien.

Tout en reconnaissant la justesse de cette dernière conclusion, appliquée à la généralité des métaux, comme aucun des exemples qui la motivent n'est emprunté à l'exploitation aurifère, nous croyons, d'après l'expérience acquise dans nos propres recherches, que les filons d'or, avec leur composition très simple, peu susceptible de variation, peuvent bien ne pas obéir à toutes les lois qui régissent les autres filons de composition plus complexe.

ou moins pâteux, ou du moins à l'état de vapeurs très lourdes qui auraient été très rapidement condensées et soumises par conséquent à une sorte de cristallisation confuse.

Quoi qu'il en soit de l'état primitif des matières au moment de leur émission, nous nous bornons à faire observer que l'or a dû, dans les circonstances que nous envisageons, rester intimement mélangé à sa gangue en particules très fines et se répandre à peu près uniformément sur toute la hauteur de la cheminée aurifère.

Comme c'est ainsi qu'ont dû se produire les formations postérieures à la décomposition du sous-sol, on s'expliquerait aussi que la roche argileuse, n'ayant pu se fissurer comme la roche compacte de la profondeur, eût constitué en quelque sorte près de la surface un obstacle capable, non pas d'arrêter l'émission dont le passage à travers la couche décomposée est attesté par la présence de veinules quartzeuses et de traces d'or, mais bien de diminuer la force ascensionnelle des vapeurs dans la cheminée ; et cette circonstance n'aurait pas moins contribué que l'état physique ou la température propres du mélange, pâteux ou en vapeurs, à empêcher pendant le refroidissement la séparation nette de l'or de sa gangue quartzeuse.

2° Filons d'âge intermédiaire. — Nous avons expliqué comment les filons les plus anciens ne sauraient être riches en profondeur, et comment la continuité de richesse ne s'observe que dans les filons les plus récents. Mais il est bien évident qu'entre ces deux cas extrêmes, il a pu se produire des filons présentant aujourd'hui une richesse d'autant plus profonde qu'ils auront été formés à une température moins élevée.

Nous avons cité les filons de l'Uruguay, dont quelques-uns nous ont donné des minerais exploitables jusqu'à 10 mètres environ, et dont un plus petit nombre accusaient des teneurs à la vérité de plus en plus faibles jusqu'à 25 et 30 mètres de profondeur. Nous avons observé, en outre, que l'or de ces gisements n'est pas uniquement gros comme celui des blocs de surface et alluvions, ni entièrement fin comme celui des filons riches en profondeur, mais qu'il se présente tantôt en clous ou mouches, tantôt en feuilles ou poudre fines, cette dernière forme mélangée avec les oxydes de fer, la pyrite à grains fins ou quelquefois le quartz carié des géodes.

Il est probable que ces formations quartzo-aurifères sont d'un âge intermédiaire entre l'âge des filons pauvres et celui des filons riches en profondeur, et qu'elles appartiennent à une des époques secondaire ou tertiaire, mais plutôt à l'époque tertiaire dont certains phénomènes nous ont paru les avoir précédées dans l'Uruguay.

Nous pourrions également noter que les métaux étrangers, surtout le fer, jouent un rôle important dans quelques filons de ce district, au lieu que l'or des formations à richesse tout à fait superficielle est loin d'être souvent pyriteux. Peut-être n'y a-t-il là que l'effet d'une action de surface locale, les pyrites pouvant avoir été conservées dans l'Uruguay, et au moins décomposées sinon dissoutes ultérieurement dans d'autres districts. Pour ce qui concerne les formations les plus récentes, celles du Venezuela et de la Guyane française nous ont rarement présenté en profondeur le fer oxydé ou pyriteux à l'état visible : l'essai seul accuse généralement à côté de l'or en poudre très fine des traces notables de fer oxydulé (1).

Quoi qu'il en soit, nous pouvons dire que les caractères des formations intermédiaires ne sont pas tellement accusés qu'il ne soit permis, dans la plupart des cas, de rattacher leurs gisements à l'une des deux classes de formations aurifères que nous avons désignées dans tout ce travail sous les noms généraux de *formations anciennes*, caractérisées par une richesse plus ou moins superficielle, et *formations récentes* à richesse continue en profondeur.

Objections à l'hypothèse des émanations lentes. — Dans tout ce qui précède, nous avons supposé une émission violente du mélange des vapeurs, suivie d'une condensation rapide, du moins dans les parties riches profondes pour lesquelles la tem-

---

(1) Nous avons cité, pour l'avoir observée, la prédominance des métaux étrangers dans les formations d'âge intermédiaire, sans chercher à en tirer aucune conclusion. Cependant, nous croyons qu'à la suite d'observations plus nombreuses il serait possible de voir là un rapport direct avec les autres formations métallifères, très abondantes aux époques secondaire et tertiaire, et par conséquent de rattacher l'âge de ces formations d'or à celui des formations d'autres métaux plus ou moins voisines.

pérature initiale était relativement faible, mais qui a pu être retardée lorsque l'émission très chaude est arrivée en surface; ce qui a donné lieu dans ce dernier cas à une cristallisation en général moins confuse et à l'or visible, tandis que le métal précieux restait en particules très fines dans les quartz cristallins de la profondeur comme dans la presque totalité des quartz amorphes.

Avant de développer ces dernières conséquences de notre hypothèse, nous devons nous demander s'il est bien nécessaire d'admettre que le phénomène de l'émission s'est toujours produit avec un caractère de violence dont l'intensité seule était susceptible de varier. Ne pourrait-on admettre, au contraire, que les filons d'or ne se sont formés qu'à la suite d'émanations et de condensations lentes et successives? Nous opposerons à cette hypothèse les faits suivants :

1° La composition homogène des veines quartzo-aurifères et l'absence de stratification parallèle aux épontes : on n'observe guère en effet que la stratification dans divers sens qui est inhérente aux clivages de cristallisation (1);

2° La présence, au sein des filons, de blocs de roche encaissante quelquefois très considérables, ou même de blocs de quartz résultant d'un premier remplissage qui sont entraînés de la profondeur et peuvent présenter, comme nous l'avons constaté plusieurs fois, la forme de véritables galets;

3° Enfin la formation de salbandes argileuses par frottement des vapeurs contre la roche encaissante. On pourrait, il est vrai, expliquer aussi la formation de l'argile par le simple contact de vapeurs très chaudes; mais cette grande chaleur même ne nous semble compatible qu'avec une forte tension, c'est-à-dire avec une émission violente du mélange des vapeurs.

Nous ne chercherons pas d'ailleurs à déduire l'hypothèse sur laquelle repose notre théorie, de ce fait actuel que la violence des éruptions volcaniques est soumise à une sorte de progression décroissante; d'où résulterait qu'à l'époque déjà lointaine où se

---

(1) On ne doit pas non plus regarder comme un indice de stratification les veines bleues que nous avons signalées au sein d'une masse de quartz blanc, et plus ou moins parallèles aux épontes dans quelques filons du Caratal, attendu que la séparation des parties blanches et des parties bleues est très irrégulière, et que la coloration bleue passe insensiblement au blanc de lait.

sont formés les filons aurifères, même les plus récents, la violence des éruptions volcaniques ou filoniennes devait être beaucoup plus considérable que nous ne pouvons l'imaginer.

Il nous suffira d'ajouter, pour conclure, qu'avec l'hypothèse des émanations lentes, nous ne voyons pas la possibilité d'expliquer les deux lois principales de répartition de la richesse en profondeur qui caractérisent les formations anciennes et récentes : c'est là surtout ce qui doit nous faire admettre la violence de l'émission qui permet d'assimiler les éruptions filoniennes aux phénomènes volcaniques.

Influence du refroidissement. — Les conséquences de notre hypothèse, dans les diverses circonstances générales que nous venons d'examiner, sont bien directement confirmées par l'observation, et ces traits généraux s'appliquent au plus grand nombre des formations aurifères qu'il nous a été donné d'étudier. Il y a cependant quelques exceptions, par exemple, dans les filons à richesse continue, des colonnes riches qui donnent même en profondeur de l'or gros, c'est-à-dire tel qu'on l'observe d'ordinaire en surface : pour mettre plus facilement en concordance ces cas particuliers avec notre théorie, nous ferons intervenir un nouvel élément, la différence des fusibilités (1) de l'or et du quartz, dont l'influence se manifeste surtout au moment du refroidissement des vapeurs.

Nous avons observé que dans toute cheminée filonienne puissante, où par conséquent le refroidissement doit être plus lent en raison du peu d'influence des parois, les diverses substances qui composent le remplissage, n'ayant pas toutes les mêmes *points de fusion* et de *vaporisation*, ni par suite le même *point de condensa-*

---

(1) C'est improprement que nous employons ici ce terme, n'ayant pas de mot pour exprimer la propriété qu'ont les corps de passer par le refroidissement de l'état de vapeur à l'état solide. D'autre part, nous ne rechercherons pas si ce passage s'est effectué avec ou sans liquéfaction, car nous supposons toujours le refroidissement assez brusque pour que cet état transitoire ait pu être inappréciable : dans une cheminée fermée, à la suite d'une émission tant soit peu prolongée, l'accroissement de pression a dû augmenter la rapidité de condensation ; tandis qu'à l'air libre la condensation brusque de la vapeur d'eau pouvait contribuer à ralentir le refroidissement, sans qu'il cessât cependant d'être assez rapide.

tion ou solidification, se sont séparées en éléments plus gros, c'est-à-dire que la cristallisation a été plus nette; tandis que dans une fissure étroite où les parois contribuent davantage à accélérer le refroidissement, la cristallisation est ordinairement confuse et il en résulte que le remplissage offre une texture plus homogène. Nous citerons de ce fait un exemple qui nous a paru bien remarquable.

On voit aux environs de Cayenne, près de la pointe de *Borda* et tout à fait au bord de la mer, le quartzite gneissique encaisser deux fissures dioritiques parallèles, distantes l'une de l'autre de 7 à 8 mètres seulement et dirigées *Heure XI-XII;* l'une, puissante de 5 à 6 mètres, présente la diorite cristallisée à grosses facettes, et l'autre, qui n'a que 20 à 30 centimètres d'épaisseur, est remplie de diorite compacte à grains très fins. D'autre part, la roche encaissante laisse voir en surface de nombreux exemples de séparation de ses éléments, des géodes de quartz en cristaux nettement formés avec de grosses lamelles de mica noir.

Les deux fissures dioritiques obéissent bien à la règle générale que nous avons exprimée : les éléments de la diorite se sont solidifiés avec d'autant plus de netteté que le refroidissement a été moins rapide. Quant à la cristallisation nette des éléments du quartzite en surface, nous pouvons aussi l'expliquer par l'intervention de causes extérieures : la condensation brusque de la vapeur d'eau à l'air libre peut, par exemple, avoir ralenti le refroidissement, et ce dernier a peut-être encore été accompagné d'une cristallisation lente dans une masse liquide.

Or fin et or gros. — Nous allons pouvoir expliquer de même la présence de l'or gros ou de l'or fin tant dans les formations aurifères, qui semblent *a priori* ne pas obéir aux conséquences de notre hypothèse, que dans celles qui ne présentent rien de particulier. Pour les filons, par exemple, donnant de l'or gros en profondeur et qui n'ont pas dû être soumis à une cristallisation rapide et confuse, faisons intervenir une des nombreuses circonstances qui ont pu ralentir le refroidissement; et, inversement, cherchons les causes susceptibles d'accélérer le même phénomène, pour expliquer la présence de l'or fin, notamment en surface.

Nous devons remarquer d'abord que dans les conditions normales du refroidissement, soit en tête des filons, soit à l'air libre, c'est-à-dire en ce qui concerne la grande majorité des formations aurifères les plus anciennes, le phénomène de la condensation du mélange de vapeurs a dû être retardé non seulement parce que la chaleur primitive de l'émission était beaucoup plus élevée, mais aussi sous l'influence de la condensation brusque à l'air libre de la vapeur d'eau; ce qui a produit une cristallisation des autres éléments plus nette, et le dépôt de l'or en gros éléments visibles le plus souvent au milieu de géodes.

Mais lorsqu'un filon de ces formations anciennes affleure exceptionnellement avec une faible puissance, il est probable que le refroidissement a été accéléré par l'influence des parois, et on doit y trouver l'or en particules plus fines : c'est, en effet, ce que nous avons observé dans les veines peu puissantes de l'Uruguay.

On peut dire aussi que, si d'une part nous voyons l'or enrichir plus ordinairement à l'état visible les géodes et les plaques de clivage où la cristallisation s'est faite plus lentement, il se rencontrera, d'autre part, en éléments beaucoup plus fins dans les veinules de la roche décomposée qu'on peut considérer comme des veines peu puissantes et dont le quartz doit être généralement très compacte : c'est ainsi que quelques veinules de filons pauvres de la Guyane française nous ont donné des traces d'or fin sans plaques ni géodes.

Dans le Venezuela, au contraire, nous avons déjà eu occasion de mentionner l'exception à la classe des formations récentes que semble présenter, relativement au mode d'être de l'or dans sa gangue, le filon réputé le plus riche de tout le district du Caratal; exception d'ailleurs toute locale, car, tandis que la grande masse de la veine riche ne renferme que de l'or invisible même à la loupe, on a exploité jusqu'à plus de 200 mètres en profondeur une colonne, d'une teneur très forte avec or visible en mouches et gros clous, qui n'a pas plus de 15 mètres en direction. Or, en ce point le filon se redresse brusquement et présente un renflement considérable dans la puissance : il en résulte que le refroidissement a dû être ralenti, les parois n'exerçant plus autant d'influence sur tout le remplissage, et que la cristallisation s'est faite plus nettement; en d'autres termes, les conditions du refroidissement dans la cheminée fermée se sont rapprochées du refroidissement à l'air libre, mais par des causes différentes, écartement des parois dans un cas, dans l'autre forte chaleur primitive et condensation de la vapeur d'eau.

En présence de ces explications, nous n'hésiterons pas à invoquer même des causes qui peuvent nous échapper pour expliquer d'autres cas particuliers, entre autres la présence de l'or fin dans la plupart des quartz amorphes, dont nous pouvons seulement dire qu'ils semblent être le résultat d'une condensation très rapide, et sont cependant peu abondants en profondeur. C'est pourquoi la découverte en surface de ces quartz même très riches, sans autre caractère, ne nous semble pas un indice suffisant de la continuité de la richesse, tandis qu'elle a beaucoup plus d'importance à côté de quartz cristallins plus ou moins riches dans les affleurements des filons qui ont subi une réouverture.

Comme règle générale, et en tenant même compte de quelques-uns des cas particuliers que nous venons d'expliquer, nous admettrons que l'or fin, dans les quartz cristallins d'affleurement, soit en proportion notable et invisible, soit à l'état de traces qui doivent alors devenir de plus en plus fortes jusqu'à une certaine profondeur, est presque toujours le meilleur indice et en quelque sorte le *criterium* de la continuité en profondeur de la richesse filonienne.

Formation de la couche alluvionnaire. — Si l'examen attentif des alluvions nous a servi de point de départ pour rechercher et étudier, tant au point de vue de leur nature que de leur origine, les filons de la Guyane, ce même rapport qui existe entre les gisements filoniens et alluvionnaires doit nous aider à déduire la formation de ces derniers de la théorie précédente.

Ce sont surtout les formations les plus puissantes à l'affleurement qui ont dû donner naissance à la couche d'alluvions : en premier lieu, au moment de l'émission par la condensation directe en dehors de la cheminée filonienne des vapeurs quartzo-aurifères projetées violemment de la profondeur, et l'or gros, c'est-à-dire la cristallisation nette s'explique, comme à l'affleurement même, par l'influence de la condensation brusque de la vapeur d'eau ; en second lieu, par la désagrégation postérieure des affleurements filoniens (1).

La première cause explique le faciès particulier de l'or et du quartz des pépites, qui diffère sensiblement du faciès filonien, même superficiel, parce que le refroidissement se produisait dans des conditions analogues, mais pas tout à fait identiques ; nous pouvons aussi attribuer l'or fin du quartz cristallin gris de fumée englobé dans les pépites à l'énorme proportion de ce métal qui se trouvait en présence du quartz au moment de la condensation. Et la deuxième cause rend compte de l'aspect roulé que présente une partie de l'alluvion.

On conçoit, d'autre part, que plusieurs formations, de richesses différentes aient pu se succéder sur les versants d'une même crique, de manière à produire l'enrichissement maximum, tantôt à la base, tantôt à la tête de la couche, à la condition toutefois que ces dépôts n'aient point été postérieurement remués par de grands courants diluviens ; c'est bien ce que nous avons, en effet, observé pour les alluvions de la Guyane française. Enfin si on devait admettre qu'une seule formation s'est produite dans certaines criques, on arriverait encore à expliquer le maximum de richesse à la base ou à la tête de la couche, en faisant intervenir, suivant la pente de la montagne, la plus grande densité ou, au contraire, la plus grande résistance à l'entraînement par les eaux des blocs ou cailloux de quartz les plus aurifères et en même temps les plus volumineux, l'une ou l'autre cause prédominant suivant que l'inclinaison est plus ou moins raide.

Terres et graviers de montagne. — Comme la grande majorité des criques riches en Guyane française donnent de l'or gros et que, d'autre part, l'or fin ne saurait provenir, d'après notre théorie, que de la désagrégation, on peut en conclure que les

---

1. Les alluvions ne sont pas seulement formées de cailloux quartzeux, mais aussi de cailloux provenant de la désagrégation de la roche encaissante, soit que cette dernière ne fût pas encore décomposée, soit que de nouvelles éruptions postérieures à cette décomposition superficielle eussent amené en surface des blocs de roche dure, lorsque les alluvions se sont formées. — Ces cailloux de roches sont toujours plus ou moins roulés, tandis que ceux de quartz sont tantôt roulés, tantôt anguleux.

filons de formation récente, à or fin, y sont de beaucoup les moins nombreux parmi les filons affleurants, c'est-à-dire que les filons anciens n'y ont pas été fréquemment soumis aux phénomènes de réouverture et remplissage récents; on sait, d'ailleurs, que la formation récente a plutôt produit des affleurements très peu puissants ou, le plus souvent même, invisibles en surface.

A la vérité, certaines criques ne donnent à l'exploitation alluvionnaire que de l'or à l'état de poussière très fine. Mais nous devons faire observer que cet or fin se rencontre, pour la plus grande partie, près des embouchures où il a été accumulé par l'entraînement plus facile des parties les plus fines des alluvions supérieures. Ajoutons encore que la finesse de l'or d'alluvions est ordinairement plus grossière et très rarement de même ordre que celle de l'or des filons récents. Aussi n'est-ce pas dans la couche alluvionnaire qu'il conviendra de chercher les traces de filons de la formation récente, lorsqu'on n'aura pas là d'indices particuliers plus caractéristiques joints à la présence de l'or fin.

Nous avons parlé d'une exploitation de montagne donnant également de l'or fin et basée sur l'imprégnation par les filons riches de la roche encaissante de leurs affleurements, imprégnation qui ne s'est pas toujours arrêtée au voisinage immédiat de ces affleurements, mais a pu former une couche exploitable d'une certaine étendue *terre rouge* du Venezuela). La Guyane française donne aussi de ces terres de montagne riches en or très fin, et nous avons pu essayer dans ce district certains minerais de fer aurifères que nous regardons comme formant le chapeau de filons probablement riches. Mais dans nos travaux de recherches, nous avons été surtout conduit à la découverte de veinules et de zones filoniennes riches par les essais sur quelques quartz roulés et sur le *gravier de montagne*.

Ce petit gravier, qu'on peut recueillir même dans la terre végétale, résulte de la désagrégation des veinules d'affleurement des formations récentes; on peut surtout le distinguer dans les endroits où la terre remuée a été lavée par l'eau des pluies. Nous verrons plus loin que l'examen attentif et l'essai à la poruña de ce gravier fournissent de précieux indices pour la recherche proprement dite des filons d'or dans la forêt vierge.

CHAPITRE V

RECHERCHE PRATIQUE DES FILONS AURIFÈRES

Les idées théoriques que nous venons d'exposer sur l'origine et la formation des gisements, et en particulier des filons aurifères, ne nous seront pas moins utiles que les observations locales mêmes de la comparaison desquelles nous les avons déduites, pour la recherche pratique des filons riches ou du moins exploitables. Nous envisagerons principalement dans cette étude le cas particulier où la recherche nous semble offrir le plus de difficultés, à savoir : la recherche des filons situés en pleine forêt vierge et qui ne présentent pas d'affleurement proprement dit (1). C'est le caractère des filons riches de la Guyane française qui nous sont connus.

(1) La difficulté des recherches ne tient pas seulement, dans ce cas, à l'absence d'affleurement proprement dit, mais aussi aux obstacles de toute nature

Nous profiterons cependant de la circonstance favorable que nous avons signalée dans ce district, c'est-à-dire du voisinage immédiat des filons et d'alluvions aurifères connues. Dans le cas où les alluvions n'auraient pas été étudiées ou dans un district dépourvu d'alluvions, il faudrait être frappé par quelque autre manifestation aurifère superficielle, pour songer à entreprendre la recherche des filons en profondeur; mais une grande partie des recommandations qui suivent pourront toujours être mises à profit.

§ 1er. RECHERCHES EN SURFACE

Faciès des quartz aurifères. — En nous reportant aux observations précédentes, nous établirons en premier lieu l'inutilité des recherches, en raison du peu de chances de succès qu'elles présentent, partout où les alluvions n'auront donné que des quartz stériles ou renfermant dans des géodes ou des plaques quelques mouches d'or visibles, sans que la pâte quartzeuse soit aurifère : nous savons, en effet, que ces quartz ne sauraient appartenir qu'à une formation pauvre ou à richesse superficielle, c'est-à-dire provenir de filons aujourd'hui stériles.

Par contre, si les alluvions donnent des quartz cristallins, blanc laiteux, bleutés ou violacés, des quartz clivables, des quartz plus ou moins amorphes feuilletés ou chargés soit d'oxydes de fer, soit de quartz carié, en un mot des quartz donnant à l'essai de l'or fin répandu à peu près uniformément dans sa gangue, ne serait-ce qu'à l'état de traces, nous estimons qu'il y a lieu de rechercher la

qu'offre la forêt vierge : obligation de se frayer un chemin au sabre d'abatage et de se diriger à la boussole avec de nombreux points de repaire : impossibilité de fixer une direction sans exécuter une trace; visée souvent interrompue par de gros arbres, qui, lorsqu'ils sont couchés, peuvent aussi gêner les fouilles (nous aurons plus particulièrement à regretter que la végétation empêche d'observer les directions de crêtes de montagnes).

Nous citerons enfin la difficulté de faire suivre avec soi, à dos d'homme, un fort outillage et de grands approvisionnements pour de longues explorations; mais nous ajouterons qu'avec un capital suffisant, on peut vaincre ou atténuer la plupart de toutes ces difficultés.

source de ces alluvions qui doivent provenir au moins en partie d'une formation riche continue en profondeur. D'ailleurs, suivant que les quartz, avant d'être soumis à l'essai, présentent un faciès plus ou moins roulé, on doit s'attendre à ce que le gisement filonien soit plus ou moins éloigné du point de la crique où ils ont été ramassés, en se dirigeant sur les versants.

Ce que nous disons des quartz d'alluvions s'appliquerait aussi à des quartz ramassés directement sur les versants des criques. L'observation de la couche étant alors supprimée, on commencerait immédiatement les recherches au marteau.

Observation de la couche alluvionnaire. — L'examen du faciès des quartz ayant permis de décider s'il y a lieu de chercher des filons dans un bassin déterminé, on devra étudier plus attentivement l'ensemble de la couche d'alluvions, pour savoir de quel côté il convient de porter les recherches.

Pour cela, on remontera d'abord le lit du bassin alluvionnaire jusqu'au point le plus élevé où l'alluvion donne des quartz à or fin, ceux des parties inférieures pouvant avoir été roulés sur un certain parcours. De même, ainsi que nous l'avons déjà fait observer, la présence d'or fin dans les sables à proximité de l'embouchure et sur une grande longueur d'un bassin relativement large, or fin qui peut avoir été facilement entraîné suivant la crique, ne saurait faire conclure au voisinage immédiat d'un filon à richesse continue. Au contraire, les recherches présenteront plus de chances de succès lorsqu'on aura pu s'assurer, soit par des renseignements sur l'exploitation déjà faite, soit en observant les batées du contremaître qui exploite ou du prospecteur, que l'alluvion était ou est surtout riche en or fin sur une étendue restreinte dans les régions moyenne ou supérieure d'un petit bassin (1).

Il conviendra enfin d'examiner si les quartz ou graviers qui donnent à l'essai de l'or fin sont plus abondants d'un côté ou de l'autre du bassin, notamment lorsque ce dernier présente une largeur

---

(1) Le caractère précédent s'applique au produit de l'exploitation et n'a qu'une importance subordonnée à l'étude proprement dite des quartz; alors même que l'exploitation des alluvions aurait déjà été faite, on sait d'ailleurs qu'elle n'a pu extraire que l'or mélangé aux sables ou graviers et nullement

suffisante pour donner lieu à l'installation de deux sluices ou appareils de lavage : cette observation permettra souvent de circonscrire les recherches sur un seul des deux versants, et, dans tous les cas, décidera si l'on doit commencer par le versant de la rive droite ou celui de la rive gauche.

Recherches au marteau. — Bien que l'examen des quartz d'alluvions nécessite aussi, surtout dans les débuts, l'emploi du marteau, nous désignerons plus spécialement sous le terme de *recherches au marteau*, la recherche et l'étude des quartz roulés de montagne. Si le filon traverse le bassin alluvionnaire, on aura pu s'en apercevoir pendant l'exploitation des alluvions : car en amont du point de croisement, la production en or fin (nous supposons qu'il s'agit d'un filon riche affleurant) aura dû diminuer rapidement et dans des proportions très notables, ou même se réduire subitement à zéro : dans cette hypothèse, au fond des canaux latéraux de l'exploitation alluvionnaire et, dans tous les cas, si la crique n'est pas déjà exploitée, au pied même des versants, on pourra aisément observer des veinules ou des blocs isolés formant comme une chaîne transversale.

Dans le cas contraire et en général si l'affleurement n'est pas apparent au fond de la crique, on remontera le versant qu'on se propose d'étudier en cherchant à la surface tous les cailloux de quartz qui présentent le même faciès et la même cassure que les quartz à or fin d'alluvion déjà essayés, et on les soumettra de même à l'essai.

Les blocs de quartz très volumineux ont peu de chances d'appartenir à une formation riche continue, à moins qu'ils ne se trouvent près de l'affleurement d'un filon ancien qui aurait subi une ou plusieurs réouvertures aux époques de formations récentes.

Si les quartz à or fin sont en grand nombre sur le versant de la montagne, on les suivra sans peine en remontant sur différentes

l'or contenu dans les quartz, de sorte que les résidus comprennent, outre les sables dans lesquels on peut observer le faciès du gravier quartzeux, des tas plus ou moins élevés de blocs de quartz et de roches, qui, lavés d'abord dans le sluice et relavés par l'eau des pluies, peuvent être le plus souvent examinés sans le secours du marteau.

lignes de plus grande pente plus ou moins espacées, et on pourra ainsi jalonner une ligne transversale limitant d'une part la zone inférieure qui aura présenté ces quartz et d'autre part la zone supérieure sur laquelle on n'en aura plus trouvé. Cette ligne, d'autant moins nette d'ailleurs qu'on aura ramassé moins de quartz à or fin, offre beaucoup de chances de coïncider à peu près avec l'affleurement cherché; elle sera aussi d'autant plus régulière que le versant sera lui-même plus uniforme, c'est-à-dire moins entre-coupé de ravines.

Influence des directions. — Le plus souvent, il ne faudra pas compter sur un grand nombre de témoins de la désagrégation des affleurements riches, pas plus que sur beaucoup de blocs quartzeux provenant directement d'une émission récente par des fissures non affleurantes, du moins en surface : ces indices sont plus fréquents dans la terre végétale. Nous avons même plus d'une fois entrepris des recherches après n'avoir cassé au marteau qu'un ou deux échantillons donnant à l'essai de l'or fin. C'est sur-tout alors que l'étude et les observations sur les directions filoniennes nous ont été très utiles.

Nous avons exposé, dans les premiers chapitres, ce qu'on peut entendre par *directions favorables* : s'il s'agit d'un district filonien déjà exploité ou du moins exploré, les directions favorables sont celles du système ou des systèmes auxquels on a reconnu qu'appartiennent le plus grand nombre des filons aurifères riches. Dans le cas contraire, on adoptera comme directions favorables celles de la chaîne principale de montagnes ou des systèmes de contreforts, si on a pu les observer, ou dans la forêt vierge, ce qui revient au même en général, celles du cours d'eau et des systèmes d'affluents les plus importants dans le voisinage immédiat du lieu des recherches; ces derniers constituent, en effet, presque les seules voies de communication, et leur direction moyenne peut être estimée à la boussole, au moins approximativement, quand on les remonte en canot avec une marche régulière (1).

(1) Les relevés de cadastre et les cartes de Guyane sont encore très imparfaits, comme le prouvent des erreurs notables déjà constatées sur les délimi-

Il conviendra dès lors, à partir du point le plus élevé où on aura ramassé à la surface un quartz à or fin, de jalonner, en continuant de remonter sur le versant, la ligne bissectrice de l'angle aigu formé par la ligne de plus grande pente et une des directions favorables. C'est dans la zone de cet angle aigu que les recherches devront être poursuivies avec le plus de chances de succès, car l'échantillon de quartz ramassé à la base de cette zone peut bien avoir été plus ou moins roulé sur la ligne de plus grande pente ; mais en suivant cette ligne de trop près, on risquerait de laisser de côté l'affleurement dont on peut supposer *a priori* que le prolongement en amont sur le versant suit une direction favorable.

Il est bien évident qu'on devra d'abord adopter celle de ces directions favorables qui est le mieux déterminée, sauf, en cas d'insuccès, à reprendre ensuite la recherche en se basant sur une autre direction. Sur le bassin de la Mana, en Guyane française, où nos travaux ont été le plus développés, c'est la direction *Heure XI-XII* qui nous semble la plus favorable.

Observation du gravier de montagne. — Dans d'autres cas enfin, nos recherches n'ont pas même eu pour point de départ ni le faciès ni le résultat à l'essai d'un seul morceau de quartz à or fin. Mais nous nous sommes appuyé sur ce fait d'observation que l'affleurement d'un filon riche peut se manifester au sein de la couche superficielle décomposée par un faisceau plus ou moins régulier de veinules, comme aussi par une simple imprégnation aurifère de cette couche ; et nous avons cherché à retrouver comme caractères d'affleurement, non pas des traces d'or résultant uniquement de l'imprégnation d'une roche plus ou moins argileuse, ce qui pourrait conduire à de trop nombreux essais sur tout le versant, mais les traces d'or fournies par les petits cailloux quartzeux de veinules que nous avons désignés sous le nom de *gravier de montagne*, et qu'on peut observer même sur la terre végétale (1).

tations de concessions, et comme nous avons pu nous-même nous en apercevoir en relevant à grands traits le cours de la Mana jusqu'à l'affluent du Lézard.

(1) Il est juste d'ailleurs, de dire que dans tous les cas où nous avons observé l'imprégnation aurifère de la couche décomposée, ce caractère n'était pas isolé, mais connexe, avec la présence de quelques veinules. Ces dernières, plus ou

Nous avons pour cela mis à profit les nombreuses tranchées naturelles que forme dans la forêt vierge la chute des grands arbres, lorsque cette chute est accompagnée du déracinement du tronc. En effet, derrière le tronc renversé se produit alors une cavité entourée d'un monticule de terre végétale et de terre argileuse du sous-sol plus ou moins mélangées : les eaux de pluie ne tardent pas à laver ce mélange, de manière à en faire ressortir tous les petits cailloux de quartz ou de minerai de fer. Et il ne faut pas s'étonner que ces sortes de tranchées coïncident souvent avec les affleurements en veinules qui, pour un même filon, peuvent s'étendre sur une très grande largeur, parfois sur plus de 50 mètres.

Les cailloux quartzeux ainsi mis à découvert peuvent être facilement triés et ensuite soumis à l'essai : on sait qu'ils proviennent de la terre végétale ou du sous-sol recouvrant les veinules ou en contre-bas de leurs affleurements.

A défaut de quartz roulés, on pourra donc rechercher sur le versant de montagne qu'on étudie, la présence du *gravier de montagne*, et non seulement l'essayer au point de vue de l'or fin, mais aussi au préalable examiner le facies (texture, cassure et coloration) de ses plus gros fragments.

Recherches par tranchées. — Quels que soient les caractères d'affleurement qui auront dirigé la phase des recherches tout à fait superficielles ou recherches au marteau, cette première étude, supposée couronnée de succès, aura permis de circonscrire notablement sur un des deux versants de la crique le champ des recherches qui doivent suivre, ou recherches superficielles par tranchées. Ces tranchées seront exécutées de distance en distance sur la direction présumée de l'affleurement, ou sur la bissectrice de la ligne de plus grande pente et de la direction favorable, lignes préalablement jalonnées et sur lesquelles on n'aura encore tracé

moins continues, plus ou moins régulières, sont le caractère le plus fréquent, et il peut même arriver que des veinules ou une imprégnation quartzeuse, accusant des traces d'or, accompagnent les gros affleurements stériles, indiquant ainsi la réouverture récente d'un filon de formation ancienne, sans que ce dernier ait été directement influencé jusqu'à la surface.

qu'un petit sentier, dit *trace de chasseur*, qui laisse debout les gros arbres.

Chaque tranchée doit être dirigée perpendiculairement à cette trace jalonnée et s'étendre d'autant plus de part et d'autre que la ligne présumée d'affleurement limitant les quartz riches a été moins bien déterminée ou que l'angle aigu des lignes de plus grande pente et de direction favorable est plus ouvert.

On peut faire varier la distance d'une tranchée à la suivante, tant pour éviter d'avoir à déraciner de gros arbres que pour profiter de certains accidents de terrain : par exemple, lorsque la surface du versant présente quelques saillies ou quelques ravines, c'est de préférence sur les saillies ou sur les bords supérieurs des ravines que les tranchées devront être exécutées. Sur ces points, en effet, on aura le minimum d'épaisseur de terre végétale à traverser pour pénétrer dans la roche décomposée du sous-sol ; en outre, cette situation facilitera l'écoulement naturel des eaux à une plus grande profondeur, dans le cas où la saison pluvieuse qui se prolonge de longs mois en Guyane, obligerait à exécuter des tranchées ouvertes par une de leurs extrémités.

Une tranchée doit avoir 1 mètre de large environ et être d'abord approfondie sur plusieurs mètres de longueur, de manière à pénétrer au moins de 0 m. 30 centim. à 0 m. 50 centim. dans le sous-sol ; si alors on observe, dans le fond ou sur les parois, quelques traces d'affleurement, on l'approfondira le plus possible, c'est-à-dire jusqu'à la limite imposée par le jet de la terre à la pelle. Comme on se sert volontiers en Guyane de petites pelles à très long manche qui conviennent parfaitement au travail des alluvions, on peut ainsi arriver aisément à 3 ou 4 mètres de profondeur totale, dont 2 m. 50 centim. à 3 m. seront en pleine roche décomposée.

Observation des blocs et des veinules. — Au début même de l'exécution de la tranchée, on obtient souvent un premier indice en traversant la terre végétale : en effet, au voisinage d'un affleurement filonien, la terre végétale, qui a dans les forêts de la Guyane depuis 0 m. 30 centim, jusqu'à 1 mètre d'épaisseur au maximum, du moins dans les parties montagneuses, renferme généralement soit du gravier, soit des blocs de quartz, suivant que l'affleurement est en veinules ou forme une veine compacte; et comme cet affleurement lui-même ne commence, dans la plupart des cas, à être apparent qu'au-dessous de la terre végétale (1), il s'ensuit que la proportion des quartz doit augmenter dans la tranchée jusqu'à ce que celle-ci ait atteint le sous-sol.

Il sera donc utile d'approfondir également et progressivement la tranchée sur toute sa longueur, même dans la terre végétale, de manière que si les indices quartzeux se présentent seulement vers une des extrémités de la tranchée quand on aura creusé un ou deux pieds, on pourra, avant de continuer, déplacer du même côté l'axe transversal de la tranchée et se donner ainsi plus de chances de recouper l'affleurement.

Après les indices de la terre végétale viendront ceux du sous-sol : une veine de quartz plus ou moins régulière, un système de veinules, ou enfin l'imprégnation d'une partie de la tranchée par une infinité de petits grains quartzeux. Les prises d'essai sur la veine ou les veinules se font sans difficulté; nous n'en dirons pas autant de la prise d'essai, sur les petits grains disséminés dans la roche argileuse, qui exige un triage ordinairement très long et en apparence minutieux, mais qui n'en est pas moins utile.

Si l'affleurement se présente compacte, on approfondira la tranchée de part et d'autre en ayant soin de bien mettre à découvert son toit et son mur, et de faciliter ainsi la détermination de son allure. — Dans le cas des veinules, on prolongera la tranchée en longueur du côté où elles sont le plus nettes, afin de pouvoir en recouper le plus grand nombre possible : nous avons été ainsi conduit à donner à certaines tranchées des longueurs de

(1) Nous avons bien parlé, au début de ce chapitre, d'affleurements riches qui peuvent être visibles ; sans parler du Venezuela, où nous avons cité entre autres le filon de *la Paneau*, nos travaux sur *l'Élysée* en Guyane ont, en effet, constaté une richesse de 100 francs à la tonne sur un affleurement visible, mais du reste très peu saillant, près du puits *Alexandre*. Toutefois, ce caractère est exceptionnel.

Quant aux gros affleurements qui forment comme de véritables murailles saillantes, quelquefois de 3 à 4 mètres au-dessus du sol, ils ne nous ont jamais donné que du quartz stérile ou des traces d'or insignifiantes; et nous avons eu occasion d'expliquer qu'on a toujours bien peu de chances, sur ces affleurements, de trouver même de l'or gros soit en clous, soit en mouches.

20 à 30 mètres. — Enfin, l'imprégnation quartzeuse indiquant le voisinage d'une veine ou de veinules, on devra dans ce cas poursuivre la tranchée en longueur et en profondeur du côté où l'imprégnation paraîtra la plus abondante.

Influence de la roche encaissante. — Les veinules sont loin d'être toujours régulières et même continues : leur puissance dépasse rarement 0 m. 10 centim., varie le plus souvent de 0 à 0 m. 02 centim. ou 0 m. 03 centim. et, dans bien dans cas, on a peine à suivre, sur une des parois de la tranchée, la trace d'une veinule marquée seulement par une sorte de faille plus ou moins nette, sur laquelle apparaissent, de distance en distance, quelques cailloux quartzeux, et qu'on ne retrouve même pas quelquefois sur la paroi opposée. Nous avons été guidé, dans la recherche de ces veinules, par l'observation, de la roche encaissante.

Lorsqu'en effet, le quartz disparaît sur le passage présumé de la filtration en vapeurs qui a dû produire la veinule, au sein de la roche encaissante qui est entièrement décomposée près de la surface et ne présente plus qu'une masse homogène rouge, fortement argileuse, on observe fréquemment des blocs isolés plus ou moins volumineux d'une roche quelquefois non décomposée mais toujours à un degré moindre de décomposition et dans laquelle on reconnaît plus aisément l'origine éruptive et la nature porphyrique ou dioritique. Ces blocs sont détachés de la profondeur et ont été entraînés par l'émission quartzeuse; car on constate par les travaux souterrains que la roche argileuse supérieure passe insensiblement à une roche de moins en moins décomposée pour arriver sans transition brusque à la roche éruptive dure, à une profondeur verticale d'au moins 30 mètres, pour ce qui concerne la Guyane française.

Nous n'avons encore atteint cette profondeur verticale en Guyane que par une galerie de 75 mètres de longueur(1) : à l'avancement,

---

(1) Cette galerie, dont il sera encore question plus loin, est exécutée sur le filon *Augusta*; les circonstances qui nous ont empêché de la prolonger, si regrettables au point de vue de la constatation de la richesse que nous avons pu seulement donner comme très probable, le sont aussi au point de vue de la

le peu d'altération de la roche nécessitait déjà l'emploi de la dynamite pour l'abatage, et les blocs entraînés non décomposés et de grosses dimensions indiquaient bien l'approche des limites de la décomposition.

On suivra donc les blocs de roche comme la trace des veinules, malgré leur irrégularité encore plus grande, et bien qu'ils n'accusent à l'essai aucune trace d'or. Mais cette recherche, qui peut en effet conduire, comme nous en avons fait l'expérience, à la découverte d'un filon riche, doit évidemment être basée sur d'autres indices, tels que la présence à un niveau supérieur de blocs de quartz ou de veinules à or fin, ou encore l'imprégnation aurifère de la roche décomposée qui entoure les blocs stériles, en même temps que sur quelques données préalables au sujet de l'allure du filon, notamment de sa direction et de son inclinaison.

Allure de l'affleurement. — Une seule tranchée ne suffira pas, en général, à établir l'allure de l'affleurement, même lorsqu'elle aura rencontré une veine compacte. Nous avons vu, en effet, que les filons, sans en excepter ceux qui ont en profondeur l'allure la plus régulière, présentent presque toujours à l'affleurement une très forte variation dans l'inclinaison et des irrégularités notables dans la direction. Et sans parler de la puissance qui est certainement près de la surface l'élément le plus variable de l'allure, les deux premiers éléments, la direction et l'inclinaison sont bien plus sujets encore à manquer de régularité lorsque la veine s'est divisée au sein de la roche décomposée en un faisceau de veinules.

Nous avons observé cependant sur ces derniers affleurements que le plus grand nombre des veinules conservent à peu près la direction du filon et divergent comme les feuillets d'un livre entr'ouvert ; on constate, en outre, que le plan moyen de la veinule qui est au milieu du faisceau s'éloigne peu du prolongement hypothétique du plan moyen du filon. C'est pour cela que nous avons recommandé de chercher à observer le plus de veinules possible

determination exacte de l'épaisseur sur laquelle la roche a été décomposée, car cet élément devient très utile dans la phase des recherches souterraines que nous allons étudier.

en développant la longueur des tranchées destinées à les recouper : et, mettant de côté celles dont l'allure serait par trop divergente, on pourra adopter comme direction et inclinaison probables du système, et par suite du filon, les moyennes respectives des éléments de toutes les autres.

Qu'il s'agisse d'une veine compacte ou d'un faisceau de veinules découvertes dans une première tranchée, on suivra l'affleurement de part et d'autre par une série de tranchées espacées l'une de l'autre de 10 à 20 mètres au plus, et dirigées chacune perpendiculairement à la direction moyenne observée dans les ouvrages précédents. Il sera bon de relier les travaux de surface qui auront rencontré le filon par une trace large et bien déboisée qui permette ensuite de prendre exactement la *direction* moyenne de tout l'affleurement.

Pour l'*inclinaison*, on se contentera d'une évaluation provisoire en adoptant celle du fond de la tranchée où l'affleurement se présente avec le plus de régularité : cet élément est d'ailleurs moins indispensable pour la suite des recherches, et il importe surtout d'en connaître le sens pour déterminer le point d'attaque des travaux souterrains. Enfin, il n'importe de bien connaître la *puissance* que pour évaluer, à la fin des recherches, la valeur industrielle du gisement.

Instruments d'observation. — Bien que nous ne jugions pas utile de décrire ici les marteaux, la loupe (1) et autres instruments employés dans la recherche des filons, nous devons cependant dire quelques mots d'une *boussole de poche*, exécutée d'après nos indications et qui nous a rendu les plus grands services, notamment en forêt vierge, pour relever les affleurements.

C'est une boussole carrée avec miroir, alidade et lunette, pour servir à prendre les directions sur des distances variant de quelques centimètres à 200 et 300 mètres environ. Un pendule intérieur et un autre s'adaptant à la lunette servent à prendre les inclinaisons

(1) Nous nous servons toujours d'une triloupe de petite dimension, mais dans laquelle un des trois verres doit présenter le plus grand diamètre possible : c'est le modèle qui convient le mieux pour observer à la fois les quartz sous un fort grossissement, et avec un champ suffisant la traînée d'or fin déposée dans notre batée d'essai ou poruña, décrite plus loin.

de filons et les pentes de terrain. Un niveau à bulle d'air est joint à la boussole qui, au moyen d'un pivot mobile avec genouillère, peut se fixer sur un piquet ou sur n'importe quel bois de la forêt, être rendue sensiblement horizontale, et tourner horizontalement avec sa lunette; tandis que celle-ci peut, en outre, osciller autour d'un axe horizontal perpendiculaire à un des côtés de la boussole. — Enfin la planchette métallique qui porte le niveau est graduée en millimètres sur son bord biseauté; de sorte qu'on peut aisément et avec rapidité reporter sur le papier, sans le secours d'aucun autre instrument spécial, toutes les observations relevées sur le terrain ou dans les mines.

La boussole et ses accessoires sont contenus dans une petite boîte de poche rectangulaire. On peut donc, grâce à cet instrument, étudier un filon ou relever un croquis de terrain, sans faire suivre rien d'encombrant et seulement avec l'aide d'un ouvrier ou d'un enfant qui, au moyen de son sabre d'abatage, s'approvisionnera à volonté dans la forêt vierge de piquets destinés à servir de mire ou de jalons (1).

§ II. RECHERCHES EN PROFONDEUR

Lorsque l'affleurement d'un filon aura été bien étudié par les travaux que nous venons d'énumérer, après avoir relevé à la boussole sa trace sur un croquis du terrain, on aura terminé pour ce filon en particulier la première période des travaux de recherches que nous avons désignée sous le nom de *Recherches en surface*, et qui a elle-même été divisée en deux phases : *Recherches au marteau* et *Recherches par tranchées*. — On peut alors utilement, et nous verrons même qu'on doit, au point de vue économique, sans

---

(1) Un autre instrument nous a rendu quelques services, mais il est malheureusement sujet à se déranger, c'est le podomètre. La difficulté d'observer au jugé, avec la montre et d'après l'allure de la marche, les distances parcourues, est en effet telle, dans la forêt vierge, que nous avons pu maintes fois, au début de notre séjour en Guyane, corriger, à l'aide du podomètre, de très fortes erreurs d'appréciation.

toutefois discontinuer des recherches analogues sur d'autres points, entreprendre aussitôt sur l'affleurement connu la deuxième période des recherches, c'est-à-dire les travaux destinés à recouper et à reconnaître le filon en profondeur.

Recherches en direction. — Examinons d'abord le cas particulier où l'affleurement aura été suivi à peu près dans le sens de la ligne de plus grande pente et du haut en bas d'un des versants d'une montagne ou au moins sur une trentaine de mètres de hauteur verticale. Comme l'inclinaison sur l'horizontale des filons est ordinairement très forte, on aura peu de chances d'arriver à recouper le gisement à une assez grande profondeur par un tracé plus court que la galerie en direction, qui s'impose tout naturellement dans ce cas.

Si l'affleurement est en veinules plus ou moins irrégulières et discontinues, il sera prudent de marcher, non pas exactement dans la direction moyenne du système, mais un peu obliquement, de

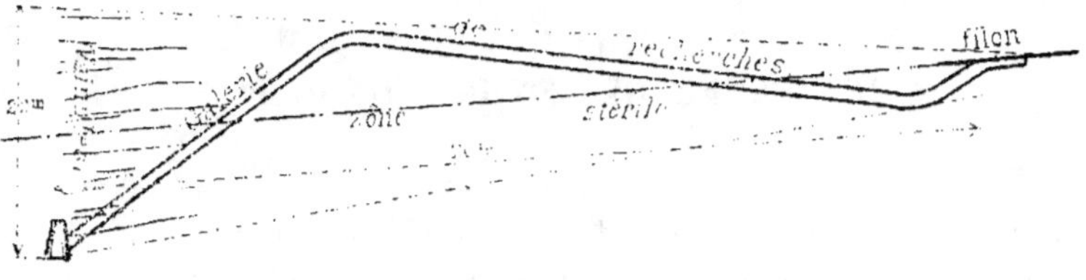

Figure 8.

manière à recouper le faisceau dans toute sa largeur supposée, tantôt dans un sens, tantôt dans l'autre, jusqu'à ce qu'on ait rencontré une veinule plus importante qui conduira à la veine régulière, dans la roche dure. En effet, outre qu'on ne sait pas *a priori* à quelle distance cette veine doit apparaître, on peut prévoir dans l'allure du faisceau de veinules des variations qui rejetteraient le filon assez loin de son plan moyen supposé. Nous avons représenté (figure 8) le croquis d'une galerie exécutée dans les conditions précédentes et qui, après avoir traversé deux fois tout le faisceau sans rencontrer d'autres traces de quartz que sur les 18 ou 20 premiers mètres à partir de l'ouverture, n'a pu découvrir la veine régulière qu'au 70e mètre, mais, à la vérité, à peu près dans la direction du plan moyen indiqué par les veinules de surface.

D'une manière générale, la galerie en direction doit être prolongée jusqu'au pendage, suivant la ligne de plus grande pente du plan du filon, des points qui auront donné en surface les plus fortes teneurs à l'essai ou du moins les meilleurs indices. Il importe toujours d'attaquer au point le plus bas possible, en tenant compte à la fois de la rapidité avec laquelle on désire arriver au résultat et de l'obligation, surtout avec un affleurement en veinules, d'étudier la veine compacte de la profondeur, c'est-à-dire d'atteindre le filon dans sa roche encaissante non décomposée.

Dans la plupart des cas, la galerie en direction n'est pas applicable, ou ne donnerait que des résultats insuffisants, parce que l'affleurement se présente soit sur un plateau très étendu, soit à peu près dans le sens de la crête de la montagne, ou trop obliquement par rapport à la ligne de plus grande pente, ou bien encore seulement sur la partie inférieure du versant. La détermination du point et du mode d'attaque dépend alors de plusieurs éléments ; et cette étude doit être précédée, en forêt vierge, de l'exécution de grandes traces partant de plusieurs points de l'affleurement et dirigées du côté des versants et sur les lignes de plus grande pente. Ce travail préliminaire, qui peut d'ailleurs être utilisé pour relever un croquis du terrain sur le papier, est un véritable déboisage partiel nécessaire pour se bien rendre compte de la configuration et du relief du sol au voisinage de l'affleurement.

Travers-bancs et galeries d'allongement. — Admettons que l'affleurement se présente à la partie supérieure d'un versant en longeant plus ou moins la crête ; si alors la pente du versant n'est pas trop faible, il convient de chercher à recouper le filon par une galerie travers-banc.

On peut dire que le but économique de toutes les recherches est d'arriver d'abord le plus rapidement possible à la constatation, sur un point quelconque de la richesse en profondeur. Pour obtenir ce résultat, il semblerait suffisant *a priori* de chercher à la base du versant, ou du moins à 30 mètres environ en contre-bas, le point le plus rapproché du plan vertical passant par l'affleurement comm et de diriger de ce point le travers-banc perpendiculairement à ce plan vertical. C'est, en effet, le tracé qu'on devra adopter principalement lorsque le plan vertical du travers-banc ainsi déterminé coupera le plan du filon dans le voisinage de la zone supposée la plus riche.

Or, nous avons presque toujours constaté que les filons riches ne sont pas riches sur toute leur longueur et présentent un maximum de richesse, du moins manifestée à la surface, en un point qui pourrait être appelé le *centre filonien*, maximum qui, d'après notre théorie même, est loin de se confondre avec le maximum de force éruptive et coïncide souvent à peu près avec le point le plus élevé de l'affleurement [1]. On aura donc plus de chances de trouver rapidement la richesse en profondeur en explorant tout de suite la zone, supposée dirigée suivant la ligne de plus grande pente, de ce centre filonien, c'est-à-dire en exécutant le travers-banc dans le plan vertical mené par ce centre normalement à la direction du filon.

Cependant, même dans ces conditions, nous ne conseillerons pas toujours de se diriger ainsi en ligne droite vers la zone de plus grande richesse; car cela pourrait donner lieu à une trop grande longueur du travers-banc, pendant l'exécution duquel on ne peut faire aucune observation directement intéressante. Bien souvent, en effet, il conviendra plutôt de rechercher, comme dans le premier cas, à atteindre le filon par le travers-banc le plus court possible; et pour cela on placera le point d'attaque sur la pente la plus raide du versant ou dans une dépression, par exemple sur les bords d'un ravin. On marchera ensuite par une galerie d'allongement jusqu'au-dessous du centre filonien, soit dans le filon même, soit de préférence en suivant son mur.

Le tracé précédent permet tout de suite l'étude d'une plus grande

[1] Cette coïncidence n'est pas absolue, et nous ne pouvons guère l'expliquer que par une plus grande hauteur, en ce point, de la cheminée, par suite plus de résistance à l'émission, d'où aurait résulté dans cette colonne une plus forte condensation d'or près de la surface. Quoi qu'il en soit, la coïncidence est fréquente : nous l'avons observée en particulier, dans le placer *Elysée*, sur les filons *Gabrielle* et *Augusta*, ainsi que sur le prolongement du filon *Gabrielle* qui forme comme un filon distinct, près du puits *Alexandre*.

longueur de filon ; et, bien qu'il soit plus long que le travers-banc direct vers le centre filonien, nous le recommandons surtout parce que la galerie d'allongement peut donner lieu à des découvertes que les indices de surface n'auront pas fait prévoir.

Descenderies et puits. — La recherche par galeries devra encore être appliquée lorsque l'affleurement se présente sur un plateau, mais que, par sa situation et son inclinaison, le filon tend à se rapprocher en profondeur de l'un des versants. Une autre considération peut influer sur l'adoption des ouvrages horizontaux, c'est que dans la Guyane française, au sein de la roche décomposée qui constitue le sous-sol jusqu'à plus de 30 mètres de profondeur, les travers-bancs peuvent s'exécuter très rapidement et presque sans boisage ; tandis que l'exécution des autres ouvrages dont nous allons parler peut bien être accélérée à la faveur de la même circonstance, mais dans une moindre proportion, et elle exige notamment, pour arriver au même résultat dans un temps donné, un personnel beaucoup plus nombreux et un outillage plus compliqué.

En tenant compte, par expérience, et de la dépense journalière et de la durée de l'exécution, nous estimons que la limite pratique en Guyane du mode de recherches par galeries est un travers-banc dont la longueur ne doit pas dépasser cinq à six fois environ la profondeur verticale à laquelle on veut recouper le filon. Au delà de cette limite, il convient en général de renoncer aux galeries pour adopter les ouvrages inclinés ou mieux les ouvrages verticaux.

La recherche par ouvrages inclinés ou descenderies ne présente pas, pour les filons dont nous nous occupons, de grands avantages ; car avec l'inclinaison de plus de 60 degrés sur l'horizontale, qui caractérise notamment les formations aurifères de la Guyane française, et qui serait celle d'un ouvrage destiné à étudier les filons sur toute leur hauteur jusqu'au point le plus bas possible, le travail facile serait limité à 7 ou 8 mètres au plus de descenderie, soit 6 à 7 mètres de profondeur verticale. Or, à ce niveau, la recherche ne donnerait pour les veines compactes guère plus qu'une confirmation des indices fournis par les travaux en tranchées ; et pour les affleurements en veinules, nous avons expérimenté qu'elle pourrait même donner de fausses indications (1).

C'est donc par des ouvrages verticaux, lorsque les galeries ne seront pas matériellement ou même économiquement possibles, qu'on devra chercher à atteindre le filon; nous parlerons d'abord des puits qui peuvent être exécutés soit au bas des versants, soit au milieu de plateaux plus ou moins étendus.

Le point d'attaque doit être placé sur le toit de l'affleurement, assez loin, normalement à la direction, de la zone qui présente en surface les meilleurs indices, pour qu'on puisse rencontrer le filon entre 15 et 20 mètres de profondeur verticale. A ce niveau, on pourra déjà obtenir quelques probabilités de richesse pour les veines compactes; pour les affleurements en veinules, il y aura lieu de prolonger le puits dans le mur jusqu'à 30 mètres au moins, et de chercher, à ce niveau inférieur, à recouper le filon par un travers-banc.

Cette particularité de la recherche, qui consiste à reconnaître le gisement à deux niveaux, milite déjà en faveur de l'adoption du puits comme ouvrage vertical : nous pouvons ajouter tout de suite que le puits doit être préféré au sondage dans la plupart des cas et notamment lorsque les recherches superficielles auront donné des espérances sérieuses.

Recherche par sondages. — Nous venons de faire allusion à un mode de recherches qui se rattache à la classe des ouvrages verticaux : c'est la recherche par sondages, qui pourraient être substitués non seulement aux puits et descenderies, mais aussi aux ouvrages horizontaux; en d'autres termes, cette recherche pourrait être appliquée dans toutes les circonstances de situation et d'allure que peuvent présenter les affleurements, et elle offrirait même un moyen, plus rapide qu'aucun de ceux que nous avons

---

(1) Bien que nous n'ayons pas constaté ces fausses indications sur un ouvrage incliné, il doit nous suffire de rappeler l'observation faite en Guyane française d'un affleurement, d'ailleurs étudié par galerie, dont les veinules, ainsi que toute trace filonienne, ont complètement disparu à 4 ou 5 mètres de profondeur verticale jusqu'au niveau de 28 mètres où le filon commence à être formé.

énumérés ci-dessus, d'arriver à constater sur un point la richesse
en profondeur d'une zone filonienne déterminée.

Nous n'en avons pas cependant parlé jusqu'ici, et nous ne la
recommanderons, au moins en ce qui concerne la Guyane française, que dans les cas très particuliers où les autres modes de
recherches ne seront pas applicables. Nous plaçant, en effet, au
point de vue de la recherche des filons en forêt vierge, nous avons
dû préférer les procédés qui n'exigent ni un personnel ni un outillage spéciaux. par exemple les tranchées, les galeries et les puits,
dont l'exécution, grâce à la décomposition de la roche, équivaut
presque, du moins pendant la plus grande partie de la période des
recherches, à un simple travail de terrassement. Le sondage, au
contraire, n'est possible qu'avec un outillage spécial assez compliqué, et la manœuvre de l'appareil de sonde exige un personnel
habile et expérimenté, ou tout au moins deux chefs sondeurs, non
seulement pour prévoir le cas de maladie de l'un d'eux, mais aussi
pour accélérer le travail en établissant double poste.

En outre, le sondage ne pouvant donner des indications que sur
un point de la surface du filon, il faudrait, pour se faire une idée
de la richesse de telle ou telle zone, tant au point de vue de
l'étendue que de la teneur, exécuter sur un même filon une série
de sondages; ce qui pourrait en somme rendre le procédé quelquefois plus long et plus coûteux qu'aucun autre, alors même qu'on
ne compterait pas la commande et la dépense de l'outillage. Enfin,
le trou de sonde est beaucoup moins susceptible qu'un puits ou
une galerie d'être utilisé dans la suite des travaux, au cas où la
recherche aura réussi (1).

Telles sont les raisons qui nous font réserver la recherche par
sondages pour les seuls cas où un puits serait économiquement
impraticable, par exemple au fond d'une vallée où les filtrations
trop abondantes entraîneraient des frais d'exhaustion trop élevés
pour un simple puits de recherches. Néanmoins, si l'on a à sa dis-

____

(1) Nous ne voyons pas, en effet, d'autre utilisation possible du trou de sonde
que celle qui consisterait à exécuter un puits sur la même verticale, le trou de
sonde facilitant alors l'avancement en puits; ou encore l'emploi du trou de
sonde comme cheminée d'aérage, au moins, provisoire pour une galerie qui le
rencontrerait en profondeur.

position l'appareil de sonde et des ouvriers sondeurs, nous recommanderons encore la recherche par sondages toutes les fois qu'il
s'agira de confirmer des présomptions défavorables résultant des
travaux de surface, c'est-à-dire toutes les fois que ces premiers travaux ne donneront que comme très douteuse la présence d'un filon,
ou que les espérances de richesse seront trop vagues pour faire
entreprendre en profondeur un travail de longue haleine.

Travaux de reconnaissance. — Un filon peut être considéré comme *découvert* lorsqu'on a déterminé sur l'affleurement son
allure approximative et constaté certains caractères qui peuvent le
distinguer, par exemple, d'un alignement de blocs quartzeux tel que
nous en avons constaté dans l'Uruguay. Or, il ne suffit pas de
découvrir un filon, il faut encore le *reconnaître*, et pour cela on
doit rechercher si la richesse qu'on a pu espérer dès la surface
existe réellement dans la profondeur.

Les idées théoriques que nous avons exposées sur la continuité
de la richesse dans certaines formations aurifères, pourraient permettre, notamment en Guyane, d'éviter les recherches en profondeur lorsque l'affleurement accuse les caractères de ces formations.
Mais nous devons avouer, et nous pouvons le dire sans crainte d'être
démenti, qu'aucune affirmation théorique ne vaut, surtout aux
yeux du capitaliste qui n'a d'autre but qu'une bonne exploitation
des mines, la moindre constatation pratique de la richesse. D'ailleurs, le temps consacré aux recherches en profondeur n'est pas
perdu, car nous dirons bientôt que la période de ces travaux n'est,
à proprement parler, que le commencement de la période suivante,
celle des travaux préparatoires à l'exploitation.

La recherche souterraine telle que nous venons de la décrire est
donc un véritable travail de reconnaissance, qui sert à établir sur
une zone la continuité dans la profondeur de la richesse en or.
Dans les gisements d'autres métaux, dont les lois de répartition de
la richesse ne sont pas aussi bien connues ou sont du moins plus
variables, et surtout dans les gîtes dits *irréguliers*, les travaux
de reconnaissance doivent être beaucoup plus développés. Lorsqu'on a atteint un point de la zone riche, il convient en effet de
suivre la zone, en inclinaison par remontages et descenderies.

aussi bien qu'en direction à divers niveaux par des galeries d'allongement à droite et à gauche, et en outre d'évaluer sa puissance moyenne : on peut ainsi la délimiter complètement et en faire le cube, dont la valeur industrielle est donnée par les essais. Enfin, si une seule zone ne suffit pas à rendre le gîte exploitable, les recherches ne sont terminées que lorsqu'on a pu découvrir et reconnaître de la même manière un nombre suffisant de zones riches. — Ne doit-on pas procéder de même pour les gisements aurifères ?

A la vérité, tous les travaux de reconnaissance tels que galeries d'allongement, remontages, descenderies, qui abrègent d'autant les travaux préparatoires, seront toujours un complément utile de la recherche des filons d'or; et, outre qu'il conviendra plus particulièrement de délimiter les zones riches en direction, il sera même nécessaire d'exécuter dans le plan du filon, si on l'a seulement suivi sur une de ses épontes, de nombreuses traverses destinées à faire connaître la puissance et la teneur moyennes. Mais comme les capitaux engagés dans la recherche de ces gisements sont relativement considérables, et que, d'autre part, nous croyons avoir suffisamment établi nos idées sur la continuité de leur richesse, nous estimons qu'on pourra sans crainte renvoyer à plus tard une partie des travaux de reconnaissance, notamment ceux qui s'appliquent à l'inclinaison, et les reporter, comme travaux de traçage, à la période des travaux préparatoires, avec laquelle peut coïncider celle des travaux d'installation ; et de cette manière, on arrivera plus tôt à la période productive.

Outillage des recherches. — A part les sondages, nous avons dit précédemment que les divers travaux de recherches se réduisent, la plupart du temps, à de simples terrassements, parce qu'ils doivent être exécutés dans la couche décomposée de la roche encaissante des filons : nos galeries et nos puits n'ont, en effet, réclamé, tout comme les tranchées, que l'emploi du pic et de la pelle. Les trous de mines, forés soit à la massette, soit à la masse, et chargés à la dynamite, qu'on doit préférer à la poudre dans tous les pays essentiellement humides, ne sont devenus nécessaires qu'à l'approche de la roche encaissante dure et dans la traversée des veines compactes : car nos galeries d'allongement ont suivi les filons généralement dans le mur. Or, on trouve assez facilement, en Guyane française, des ouvriers capables d'exécuter un trou de mine (1) ; nous n'avons fait appel aux ouvriers européens qu'en vue des travaux ultérieurs d'exploitation, plus compliqués que les travaux de recherches.

Le transport des déblais est toujours possible par brouettes, et l'extraction dans les puits, au moyen d'un ou deux treuils manœuvrés à la main, brouettes et treuils d'une exécution facile sur place.

Pour le boisage, s'il y a lieu, le bois ne saurait manquer, et on peut recruter des charpentiers parmi les ouvriers d'alluvions. D'ailleurs, le boisage n'est pas, en général, nécessaire pour des travaux de recherches dans la roche décomposée argileuse : il convient cependant, surtout en vue de la saison pluvieuse, de soutenir par quelques cadres et un revêtement en bois jointifs les entrées et croisements de galeries, les bouches et recettes de puits, ainsi que les abords de certaines failles qui peuvent faciliter un glissement de terrain.

Enfin, l'aérage artificiel, dont nous n'avons pas eu besoin dans nos recherches jusqu'à plus de 100 mètres en galerie, pourrait encore être produit par le moyen d'un ventilateur en bois facile à construire et n'exigerait qu'un long tuyautage en caoutchouc ; c'est-à-dire que l'aérage ne serait pas plus compliqué que l'épuisement au moyen de pompes à bras.

Nous pouvons ajouter que les pompes d'épuisement, dont on aura peut-être besoin dans la profondeur, sont déjà employées depuis longtemps dans les travaux alluvionnaires ; que, par suite, elles ne constituent pas à proprement parler un outillage spécial pour la recherche des filons en Guyane française.

En résumé, ce n'est pas la dépense d'outillage qui pourra faire reculer devant l'entreprise, dans cette colonie, de travaux de recher-

---

(1) Nous avons pu engager pour ce travail quelques transportés libérés et aussi des matelots de la marine marchande qui avaient déjà été employés dans des mines ou des carrières. Mais, même parmi les ouvriers d'alluvions, on en trouve qui ont déjà appris à forer à la massette un trou de mine dans un gros bloc de roche.

ches filoniennes : ceux-ci pourront même, aussitôt qu'ils auront été décidés, être commencés sans perte de temps pour la commande ou le transport sur les lieux des outils nécessaires.

§ III. RECOMMANDATIONS GÉNÉRALES

Après avoir décrit sommairement les deux périodes de recherches en surface et en profondeur, au point de vue des divers ouvrages à exécuter suivant les circonstances de terrain et d'affleurement, nous croyons devoir insister sur quelques conditions à remplir pour réduire au minimum la durée totale des recherches qui doivent précéder la période d'installation et de préparation et celle d'exploitation. Nous décrivons en particulier un mode d'essai des quartz aurifères par broyage et lavage et nous terminerons ce chapitre par quelques considérations sur l'utilité de continuer les recherches en tout temps, surtout dans un district boisé comme la Guyane française où les affleurements de filons riches ne sauraient être très apparents.

Recherches superficielles. — Il convient, en premier lieu, de ne pas attendre la fin de tous les travaux superficiels pour commencer et activer le plus possible, au moins sur un chantier, l'avancement souterrain, qu'il s'agisse d'une galerie, d'un puits ou simplement d'un trou de sonde. Cependant une trop grande précipitation serait surtout nuisible à la réussite des recherches en surface : en effet, une surveillance assidue et des observations minutieuses de la part du chef des travaux sont nécessaires pour des recherches dans lesquelles un simple coup de pioche peut amener une découverte ou faire modifier les instructions précédentes.

Tout au plus pourra-t-on, si on dispose d'un nombre suffisant d'ouvriers, multiplier le nombre des chantiers dans un périmètre tel que le chef des travaux puisse les visiter tous chaque jour, et même dans la demi-journée, s'il doit encore lui-même procéder aux essais de quartz.

D'autre part, les travaux superficiels ne sauraient être exécutés que pendant le jour, c'est-à-dire à un seul poste par vingt-quatre heures ; et il sera le plus souvent impossible de les donner à la tâche, à cause de leur irrégularité ; d'ailleurs, l'ouvrier à la journée, convenablement surveillé, s'appliquera mieux à ces travaux qui exigent parfois beaucoup d'attention.

Pour éviter les pertes de temps et aussi pour pouvoir faire creuser des tranchées sans canal d'écoulement, il conviendra, autant que possible, d'entreprendre les recherches superficielles au commencement de la saison sèche, qui dure normalement de juillet à novembre (1).

Recherches souterraines. — Dans les recherches en profondeur, le nombre des chantiers est tout naturellement limité par le nombre des découvertes en surface, et sur chacun d'eux la surveillance assidue du chef des travaux ne devient nécessaire que lorsque les recherches touchent à leur fin : tant qu'on travaille dans le stérile, en effet, il y a rarement lieu de modifier les instructions données au début.

On pourra, par suite, établir sur un même chantier deux ou trois postes par vingt-quatre heures, et aussi substituer au travail à la journée le travail à la tâche, qui permet d'obtenir un avancement beaucoup plus rapide. Dans tous les cas, nous estimons qu'il ne convient de donner aux galeries que la section nécessaire au passage d'une brouette ou d'un petit wagonnet, soit 1m. 20 centimètres de large sur 1m. 80 centimètres de haut, avec le toit en demi-cercle, cette forme évasée étant plus favorable à l'aérage naturel que la forme en ogive (2) : et à défaut de rails, le transport des déblais

1 Dans les deux longs séjours que nous avons faits en Guyane, nous avons été favorisé, au point de vue de nos travaux de recherches, par deux sécheresses exceptionnelles, l'une de plus de six mois, l'autre qui n'a pas duré moins de dix mois. Cependant, nous sommes loin de souhaiter que cette anomalie de saisons se reproduise, car à côté de l'avantage que nous signalons, la sécheresse a les inconvénients d'être plus nuisible à la santé dans les bois, de paralyser l'exploitation alluvionnaire par le manque d'eau nécessaire au lavage dans les criques, et de rendre difficiles, souvent même d'arrêter toutes sortes de transports : dès lors, si les chercheurs ou les exploitants n'ont pas fait leurs approvisionnements en conséquence, ils peuvent être exposés, tant employés qu'ouvriers, à manquer de vivres et obligés à redescendre plus ou moins péniblement dans les quartiers ou villages.

2 La galerie à section ogivale, avec 1 mètre de pieds droits et 2 mètres de

pourra être facilité par l'établissement d'une ou deux voies en planches.

Pour les puits, on pourra adopter la forme rectangulaire et des dimensions approchant de 1m. 75 centimètres sur 2m. 25 centimètres, les échelles longeant un des petits côtés. Si le puits doit être prolongé au delà de 15 ou 20 mètres, il sera bon d'établir à ce niveau un deuxième treuil à bras pour l'extraction.

Enfin l'épuisement, s'il y a lieu, se fera par bennes ou au moyen de pompes à bras, suivant l'abondance des filtrations, qui d'ailleurs ne se produiront, en raison de l'imperméabilité de la roche argileuse, que lorsque le puits sera exécuté dans le fond plus ou moins sableux d'une vallée.

Nous ne saurions trop recommander pour tous les travaux souterrains de bien dégager les abords du point d'attaque, c'est-à-dire d'abattre jusqu'à 30 ou 40 mètres au moins en avant de l'entrée en galerie, et jusqu'à 15 et 20 mètres autour de la bouche du puits, tous les grands arbres qui nuisent beaucoup à l'aérage naturel. Ajoutons que, sur une longue galerie, il pourra être très utile à l'aérage de l'avancement de n'interrompre jamais le roulage par brouettes ou wagonnets, alors même qu'il devrait se faire à vide.

Utilité des essais rapides. — Nous venons de faire observer, en parlant des recherches superficielles, que l'obligation pour le chef des travaux d'essayer lui-même les quartz aurifères peut nuire au développement de ces recherches sur un grand nombre de chantiers. Il est bien évident que cette observation s'applique surtout aux recherches sur un terrain fournissant beaucoup de quartz dont le faciès est *a priori* favorable ou même des types de quartz qui n'ont pas été bien étudiés auparavant. Comme nous nous sommes trouvé notamment dans ce dernier cas, nous pouvons bien dire qu'en effet le nombre des essais qu'exige l'étude des veinules d'af-

hauteur suivant l'axe, sans boisage, réunit les conditions de grande solidité dans la roche décomposée plus ou moins argileuse, et d'économie au point de vue du prix de revient et de la rapidité de l'avancement; mais en forêt vierge, où l'aérage naturel n'est pas facile à obtenir, nous devons préférer la galerie à plafond demi circulaire de 1m. 80 de hauteur, qui est aussi suffisamment solide.

fleurement augmente dans une proportion beaucoup plus forte que le nombre des veinules découvertes, et que, lorsqu'on a par exemple seulement 5 ou 6 chantiers en tranchées sur des veines ou veinules, il n'est pas rare d'avoir à faire par jour une vingtaine d'essais.

Nous ajouterons que les quartz d'affleurement sans or visible doivent être essayés avec le plus grand soin, si l'on veut pouvoir observer un enrichissement du haut en bas de la tranchée sur des veinules dont le quartz paie le plus souvent de 10 à 50 francs à la tonne en surface, et n'arrivera à payer 100 francs qu'à des profondeurs de 10 ou 15 mètres.

On voit donc combien il peut être utile d'avoir à sa disposition un mode d'essai à la fois rapide et exact. Et cette utilité ne se fera pas seulement sentir dans les recherches superficielles, mais aussi dans les recherches souterraines, et d'une manière générale dans tous les travaux de recherches ou d'exploitation des filons aurifères sur un district quelconque.

Assurément l'essai chimique par voie sèche est, croyons-nous, à la fois le plus praticable et le plus exact. Mais outre qu'il exige des connaissances théoriques spéciales et un laboratoire, c'est-à-dire des dépenses qu'on ne fera généralement pas avant la période d'installation des usines de traitement, nous estimons que l'essai mécanique par broyage et lavage peut être plus utile en raison de sa rapidité, même au cours des travaux d'exploitation : *a fortiori*, pendant les recherches, ce mode d'essai devra-t-il être préféré, et il pourra en outre être pratiqué par un chef des travaux qui n'aurait que peu ou point de connaissances en chimie.

D'autre part, l'essai à la *batée* en bois ou en tôle, tel qu'on le pratique en Guyane pour les alluvions, ne nous semble pas suffisamment précis pour les quartz : on ne peut, en effet, songer à broyer plusieurs kilogrammes de quartz pour chaque essai, et si on lave dans cette batée quelques hectogrammes seulement de quartz broyé, sans parler des causes d'entraînement de l'or fin, d'autant plus grandes qu'on opère sur une plus grande surface, on s'exposera à ne pas voir du tout les faibles teneurs, attendu que les petits grains d'or peuvent se cacher dans les interstices du bois ou dans les cavités de la rouille qui se produit sur la tôle.

On se sert au Brésil, pour l'essai mécanique des quartz, d'une petite batée d'une forme particulière, appelée *poruña*, que nous avons, le premier employée dans les districts aurifères du Venezuela et de la Guyane française.

Essai à la poruña. — La poruña (FIGURE 9) est un morceau  de corne de bœuf, scié de manière à former un récipient long de 0ᵐ.25 à 0ᵐ.30, profond vers le milieu d'environ 0ᵐ,05, avec les bords légèrement rentrants sur

Figure 9.

toute la partie centrale et évasés au moins d'un côté sur la section la plus large, présentant enfin sur toute sa longueur une double courbure assez prononcée : la corne est simplement polie à l'intérieur au papier émeri, mais peut garder utilement quelques nervures longitudinales, notamment à côté du bord évasé.

L'essai à la poruña comprend d'abord le broyage, dans un mortier en fonte, de 100 à 250 grammes de quartz: on passe le quartz broyé sur une toile métallique aux trous de 1/2 à 3/4 de millimètre, et on procède ensuite au débourbage dans la corne jusqu'à ce que l'eau de lavage décantée reste claire. Le mercure pourrait être employé comme dans les batées d'alluvions; mais outre que la poruña, lavant avec plus de précision, ne nécessite pas l'usage de cet agent auxiliaire, nous devons faire remarquer que l'amalgamation empêcherait d'observer la nature de l'or, fin ou demi gros, qu'il est toujours utile de déterminer dans l'essai des quartz.

Par des secousses assez fortes et rapprochées, à la fois longitudinales et transversales, qu'on obtient en frappant d'une main sur la pointe de la poruña, tenue de l'autre main par son milieu, les parties les plus lourdes descendent rapidement au point le plus bas; et à la condition de renouveler l'eau plusieurs fois, on écoule petit à petit par le bord évasé toutes les parties sableuses, en tenant la poruña d'une main par la pointe et la soumettant à des oscillations transversales. Vers la fin de l'opération, on a soin d'espacer de plus en plus les secousses, en les alternant toujours avec l'écoulement des sables accompagné du mouvement d'oscillation.

De cette manière, la séparation des parties métallifères se fait d'après le principe de *Gleichfaelligkeit* des appareils allemands : la poussière d'or fin se rassemble en tête de la poruña, sur la partie étroite et généralement la plus foncée ; au contraire, les grains d'or visibles à l'œil se portent vers le milieu, alternant avec les pyrites, les oxydes de fer, et quelques minéraux plus lourds que le quartz, tels que les grenats, le zircon, l'amphibole, etc... On pourrait avec une pince réunir ces grains d'or à l'or fin ; et, dans tous les cas, avec un peu d'habitude, et après quelques pesées à la balance de précision, on arrive assez vite à estimer, à l'œil et à la loupe, la valeur de l'ensemble, or fin et or demi gros. — Nous ajouterons qu'avec l'aide d'un manœuvre ou d'un enfant pour le broyage, on peut aisément faire cinq ou six de ces essais par heure (1).

En multipliant la valeur de la batée par 1.000 fois le rapport $\dfrac{1.000}{P}$ (P étant le poids de la prise, compris entre 100 et 250), on

(1) L'essai à la poruña permet encore de reconnaître si un quartz dont le faciès peut être douteux appartient à une formation ancienne ou récente. Il suffit pour cela de fractionner la prise d'essai au fur et à mesure du broyage, et de laver séparément le premier et le dernier sable passé au criblage. La première portion qu'il convient quelquefois de porter aux 2/3 de la prise totale doit comprendre toutes les parties terreuses plus ou moins colorées, oxydes de fer, quartz carié, provenant des géodes, plaques ou failles de clivage, et par suite les petites mouches d'or qui auraient pu échapper à l'œil sur le quartz brut ; et comme les trous de la toile ont plus de 1/2 millimètre de côté, cet or ne peut être tout réduit en poudre fine. Au contraire, le second lavage ne portant plus que sur des fragments de quartz compacte peu ou point colorés, ne saurait donner que de l'or fin, celui qui est tout à fait invisible dans le quartz brut.

Les deux essais partiels sont alors estimés séparément, et on compare leurs résultats rapportés aux fractions correspondantes de la prise. On peut ainsi juger, suivant l'importance relative du deuxième résultat, si le quartz essayé était seulement riche en or plus ou moins visible, demi gros dans la batée, ou réellement riche en or fin contenu dans sa pâte à l'état invisible, poudre fine dans la batée. Pour les quartz de formation récente, le deuxième essai nous a toujours donné à peu près la même proportion d'or que le premier ; pour ceux de formation ancienne, le deuxième résultat est le plus souvent presque nul, et dans tous les cas beaucoup plus faible que le premier.

L'essai ainsi pratiqué exige l'emploi de la poruña et d'un crible dont les trous ne soient pas plus petits qu'un 1/2 millimètre. Dans les essais courants, l'usage d'une balance pour les prises est surtout nécessaire au début, mais on arrive aussi à estimer la prise par le volume qu'occupe le sable sec dans la cavité de la poruña.

obtient la *teneur à la tonne*. Cette estimation, contrôlée par des essais chimiques, nous a toujours donné une approximation de 10 à 20 francs pour les teneurs inférieures à 100 francs, et de 20 à 50 francs pour les teneurs de plus en plus fortes, c'est-à-dire une approximation plus que suffisante pour toute la durée de la période des recherches.

Durée de la période des recherches. — Nous avons examiné tant de cas différents, et il peut se présenter, surtout en forêt vierge, tant de circonstances imprévues, qu'il serait bien difficile de déterminer exactement à l'avance le temps que doivent durer les travaux de recherches jusqu'au moment où l'exploitation pourra être décidée. Nous nous bornerons à résumer ici quelques données, résultant de nos travaux personnels, qui serviront, pour un grand nombre de concessions en Guyane française, à établir un projet de recherches.

Considérons en particulier le cas où les recherches seront entreprises avec le plus de chances de succès, c'est-à-dire la recherche des filons sur un terrain où les alluvions auront été exploitées ou du moins bien prospectées (1). Quelques jours suffiront, en général, à l'examen de la couche alluvionnaire sur un placer peu étendu ; et si cet examen est favorable, nous estimons que la recherche au marteau pourra se faire aussitôt après, concurremment avec les travaux de tranchées, et que ces derniers dureront de un à deux mois, avec un nombre d'ouvriers d'autant plus grand qu'on aura plus de bassins ou d'affleurements à étudier. D'ailleurs les travaux superficiels peuvent être continués pendant l'exécution d'un ou de plusieurs travaux souterrains, et c'est, par conséquent, de l'importance des ouvrages en profondeur que dépend surtout la durée totale des recherches.

Pour une galerie à travers banc, on peut compter au début sur

(1) La prospection consiste à pratiquer, pour essayer la couche alluvionnaire, de distance en distance dans le lit d'une crique, deux ou plusieurs tranchées transversales, en prolongement l'une de l'autre sur toute la largeur, et assez profondes pour atteindre le lit argileux qui forme la base de la couche *toucher* en langage de mineurs. On trouve donc aisément accumulée sur tous ces points une quantité suffisante et très variée des cailloux de l'alluvion.

un avancement de 1^m,50 par poste de dix heures, dont huit heures de travail ; mais à mesure que la roche est moins décomposée, l'avancement se réduit à 1 mètre et 0^m,50. En direction ou en allongement, nous avons recommandé de suivre le filon dans son mur, et il convient alors de pratiquer de distance en distance des traverses d'essai, ce qui contribue encore à réduire l'avancement journalier. Or, si nous tenons compte de ce fait que le travail à un seul poste sera généralement adopté au début comme étant plus compatible avec le caractère et les habitudes des ouvriers du pays, pour recouper un filon à 30 mètres de profondeur, il faudra exécuter en moyenne une longueur de galerie de 100 à 150 mètres ; avec l'avancement moyen de 1 mètre par jour, cette partie des recherches exigera donc de quatre à six mois.

Pour le puits, outre que la mise en chantier est un peu plus longue, on ne doit pas estimer à plus de 0^m,20 à 0^m,25 l'avancement moyen par poste, ce qui donnerait pour 30 mètres une durée minima de quatre à cinq mois, peu différente de la précédente, mais avec un personnel beaucoup plus nombreux que celui qui est exigé en galerie. — On peut dire, en somme, que, dans l'hypothèse favorable où les premiers travaux superficiels auront été couronnés de succès, on ne saurait compter sur un résultat certain avant un délai de six à huit mois.

Travaux préparatoires à l'exploitation. — En mettant de côté la recherche par sondages dont l'utilisation possible a fait l'objet d'une note précédente, tous les travaux souterrains que nous avons indiqués pourront, s'ils ont conduit à la reconnaissance de zones riches exploitables, être appropriés soit au roulage ou à l'extraction, soit à l'écoulement ou à l'aérage, et feront par conséquent partie des travaux ultérieurs. C'est ainsi que leur étude nous amène à dire ici quelques mots de la période des travaux préparatoires intimement liée à celles des travaux de recherches.

D'ailleurs, la période de préparation n'exclut pas plus la poursuite des recherches en général, que l'attaque des travaux souterrains n'exclut la continuation des recherches superficielles ; et cette nouvelle période pourra commencer aussitôt que le résultat d'un chantier de recherches aura fait sur ce point conclure à l'exploitabilité et décider l'exploitation. C'est aussi à partir du moment où ce premier résultat aura été obtenu qu'il importe de pousser avec activité la commande, le transport sur les lieux et le montage des divers appareils destinés au traitement des quartz aurifères, si toutefois le capital largement prévu pour les recherches et quelques présomptions favorables sur leur résultat définitif n'ont pas permis plus tôt de songer à préparer cette installation.

La période des travaux préparatoires comprendra donc :

1° A l'extérieur, l'installation de l'usine de traitement des minerais avec tous ses accessoires, et la construction de voies de transport économique reliant l'usine aux divers chantiers d'exploitation.

2° A l'intérieur, le traçage d'un ou de plusieurs étages d'exploitation, suivant qu'on aura à exploiter plusieurs ou une seule zone riche, de manière que la production journalière des divers chantiers suffise largement à l'alimentation de l'usine, et en outre l'extraction sur le carreau de la mine d'une réserve de minerai pour un à deux mois de traitement.

Quant à la période d'exploitation, elle devra succéder immédiatement à celle des travaux préparatoires; et les travaux auront été bien conduits si, lorsque l'usine sera prête à fonctionner, on a pu extraire et porter à l'usine la réserve de minerai, tracer et préparer entièrement un nombre de chantiers suffisant pour alimenter l'usine cinq à six mois, enfin commencer le traçage et la préparation des étages inférieurs.

Utilité permanente des recherches. — Nous venons de résumer les instructions les plus propres à assurer une bonne direction à la recherche des filons d'or en Guyane : l'instruction générale antérieure et plus encore l'expérience des chefs de travaux suppléeront aux détails dans lesquels le cadre de cette étude ne nous permet pas d'entrer. Mais nous devons insister en terminant ce chapitre sur une remarque dont l'opportunité n'échappera pas à tous ceux qui se sont occupés d'exploitation minière, c'est que nous regardons comme très utile et même nécessaire à la bonne marche de toute affaire de mines et surtout de mines d'or, la condition de ne jamais interrompre ni pendant l'installation, ni en exploitation, les travaux de recherches (1).

Bien que la Guyane française soit déjà en grande partie explorée pour les alluvions, le champ des recherches filoniennes n'y fera pas défaut de longtemps, et celles-ci seront même facilitées par les premières explorations. D'ailleurs, comment devons-nous tenir compte du caractère distinctif des formations aurifères, en général défavorable, mais quelquefois favorable à leur exploitabilité, et qui peut se résumer ainsi : *Fréquence et grande dispersion du métal précieux.*

L'or est répandu comme le fer, mais en bien moins grande proportion, sur toute la surface du globe ; et cette même dispersion se constate encore sur l'ensemble d'un district, et très souvent sur toute l'étendue d'un gisement ; d'où résulte l'inexploitabilité du plus grand nombre des filons aurifères.

Toutefois, si d'une part nous interrogeons l'histoire ancienne, nous voyons que le métal précieux, connu de toute antiquité comme en font foi l'histoire sacrée et l'histoire profane, et même exploité par une sorte de procédé hydraulique décrit dans *Pline*, au sujet des puissantes alluvions de la province de Léon, en Espagne, a eu des gisements exploitables dans de nombreux pays de l'ancien monde.

Il est vrai que, d'après les considérations exposées plus haut, la richesse des gisements alluvionnaires ne peut donner qu'une idée vague, souvent même fausse, de la richesse actuelle des cheminées filoniennes qui leur ont donné naissance.

Mais, d'autre part, l'histoire et la statistique modernes nous four-

---

(1) Nous ferons seulement observer à ce sujet que la recherche sur un point déterminé ne doit pas avoir un caractère de ténacité et qu'il convient de l'arrêter aussitôt que des indices défavorables viennent détruire les premières espérances. Nous pourrions citer certaine Compagnie dont les tentatives infructueuses, sur le prolongement présumé du grand filon d'*el Callao* vers le sud, sont bien connues : pouvait-on croire sérieusement qu'un filon, riche sur un point, doit par cela même être riche sur d'autres points de sa direction? En présence des premiers résultats négatifs et avant de sonder indéfiniment la profondeur sur le même point, il eût été au moins prudent d'admettre ou que le filon du Callao ne se prolonge pas vers le sud, ou, ce qui nous a été affirmé à nous-même, qu'il a subi une inflexion notable et ne traverse même pas le terrain de la Compagnie à laquelle nous faisons allusion.

nissent, surtout dans les deux Amériques et en Australie, et en général sur tous les continents et dans de nombreuses îles, des centres d'exploitation filonienne dont le nombre et l'importance s'augmentent tous les jours par de récentes découvertes.

On ne doit donc pas s'inquiéter outre mesure de cette fréquence et de cette dispersion de l'or qui, loin d'exclure sa concentration dans une partie notable des gisements alluvionnaires ou filoniens groupés d'ordinaire en districts, sont pour ainsi dire cause que cette concentration est plus fréquente. Et nous concluerons en particulier pour la Guyane française, où la richesse de quelques filons est déjà démontrée, qu'une première découverte, sur une de ses concessions, d'un filon exploitable doit faire concevoir pour la suite des recherches sur le même terrain de très sérieuses espérances.

CHAPITRE VI

CONSIDÉRATIONS ÉCONOMIQUES SUR L'EXPLOITATION
FILONIENNE

Possibilité technique des recherches. — Possibilité économique de l'exploitation. — Traitement des minerais d'or. — Main-d'œuvre et conditions hygiéniques. — Approvisionnements et transports. — Débouchés de l'exploitation. Prix de revient général. — Rendement moyen. — Prises d'essai de minerai. Bénéfice d'exploitation. — Richesse aurifère de la Guyane française.

Nous n'avons pas l'intention, dans cette première étude sur *les Filons d'or de la Guyane française*, de traiter, en les développant, les questions d'exploitation proprement dite, qui feront l'objet d'une étude nouvelle sur l'*Exploitation de l'or* en général, comprenant, avec la description complète de chacune des exploitations alluvionnaire et filonienne, la comparaison raisonnée de leurs caractères respectifs : cette dernière ne pourra être bien faite que lorsque l'exploitation filonienne aura déjà donné en Guyane quelques résultats pratiques, et qu'à la connaissance du district alluvionnaire s'ajoutera une plus grande connaissance du district filonien. Nous devons cependant dire ici quelques mots de l'exploitation des filons au point de vue des rapports que présente cette exploitation avec la recherche des mêmes gisements.

Nous avons fait voir, avant de terminer le dernier chapitre, que la période des recherches est intimement liée par l'utilisation des ouvrages souterrains à la période des travaux préparatoires, qui ne sont que le préliminaire obligé des travaux d'exploitation.

Il y a bien là, en plus d'une corrélation en quelque sorte technique, un véritable rapport économique, les travaux de recherches pouvant être conduits de manière à diminuer plus ou moins les dépenses que doivent occasionner plus tard les travaux préparatoires à l'exploitation. Mais à côté de ce rapport, nous devons en mentionner d'autres, d'un caractère beaucoup plus général qui consistent dans l'opportunité qu'il peut y avoir à entreprendre sur une concession des travaux de recherches, ou bien à arrêter sur un filon les travaux proprement dits de reconnaissance, cette opportunité étant basée sur les conditions d'exploitabilité que présentent à la fois le district et le gisement aurifères.

Ces rapports entre l'exploitation et les recherches motivent les considérations suivantes, dans lesquelles nous aurons toujours principalement en vue la Guyane française, parce que dans ce district nos appréciations reposent sur des observations plus nombreuses. Mais il sera facile, en modifiant les données pour chaque cas particulier, d'appliquer ces mêmes considérations à n'importe quel district, et on pourra toujours y puiser un enseignement utile, lorsqu'il s'agira, avant d'entreprendre des travaux de recherches, d'établir un projet complet sur l'ensemble de ces travaux, leur durée probable et les dépenses approximatives nécessaires tant pour terminer les recherches que pour installer, au cas de réussite, un commencement d'exploitation.

Possibilité technique des recherches. — Tout ce que nous avons dit dans les chapitres précédents doit servir à résoudre la question de la possibilité d'entreprendre avec quelques chances de succès sur un terrain donné des recherches filoniennes : on examinera pour cela le faciès des quartz, la richesse de l'alluvion ou divers caractères d'affleurement qui peuvent apparaître dans une première visite rapide.

Mais nous n'avons pas la prétention d'avoir prévu dans la recherche tous les cas qui se présenteront, notamment dans un district aussi étendu et aussi peu connu, au point de vue filonien, que la Guyane française. De même, pour fixer les idées sur la durée de la période des recherches, nous avons dû admettre que chacune des phases de cette période avait conduit à un résultat favorable, et nous n'avons pas fait intervenir les circonstances imprévues qui non seulement occasionnent en général une augmentation de dépenses, mais pourraient aussi amener le découragement et l'abandon des travaux,

C'est ainsi que notre galerie dont le croquis est représenté FIGURE 8, après avoir perdu pendant plus de 50 mètres d'avancement toutes les veinules et traces d'or observées en surface, avait dû être abandonnée par manque d'ouvriers, et pendant notre absence n'avait pas été reprise de plus d'un an. Nous avions cependant conservé de fortes espérances ; et lorsque, à la faveur de circonstances financières exceptionnelles, nous avons pu, au cours d'une seconde mission, reprendre l'avancement, nous sommes enfin arrivé, au bout de quelques mètres à peine, à la découverte d'une veine quartzeuse bien formée, beaucoup plus riche que les veinules de surface et dont la teneur augmentera très probablement lorsqu'une nouvelle reprise de cette recherche aura permis d'atteindre la roche dure.

Possibilité économique de l'exploitation. — On parera donc souvent aux circonstances imprévues, si on peut disposer d'un capital suffisant, capital que nous estimons devoir être toujours supérieur d'au moins 10 à 20 p. 100 à la dépense totale prévue (1). D'ailleurs, il convient de ne former ce capital et de n'entreprendre les recherches qu'après une première dépense beaucoup moindre, consacrée non seulement à la visite rapide du terrain

(1) Nous estimons plus loin à 150 ou 200,000 francs le capital nécessaire pour exécuter pendant une année des recherches filoniennes sérieuses sur une concession en Guyane française. C'est donc au minimum 15 à 20,000 francs et plutôt 30 à 40,000 francs qu'il conviendra d'ajouter pour dépenses imprévues. — A la vérité, une telle somme vaut la peine qu'on s'assure au moins de quelques présomptions favorables par un premier examen superficiel de la concession qui, ne comportant pas de travaux sérieux, coûtera beaucoup moins de temps et d'argent. Mais, même après cette première étude, les Compagnies guyanaises qui exploitent encore l'alluvion, du moins celles qui peuvent aisément prélever pendant un an, sur leur production d'or, une somme mensuelle de 15 à 20,000 francs, sont évidemment dans les meilleures conditions pour entreprendre des recherches filoniennes, dont le succès peut assurer à leur exploitation une durée en quelque sorte indéfinie.

8

aurifère, mais aussi à l'examen des conditions possibles de l'exploitation.

La recherche filonienne a pour but d'assurer, en premier lieu, du minerai assez riche, quant à la teneur, pour donner lieu à un bénéfice d'exploitation, et, en second lieu, une quantité suffisante de ce minerai pour que le bénéfice annuel d'exploitation permette, dans un avenir déterminé, de rembourser et au delà tous les capitaux avancés (capital de recherches et capital d'installation).

Or, le bénéfice d'exploitation dépend du *prix de revient*, et bien que ce dernier, variant avec la qualité du minerai, ne puisse être exactement connu qu'après les recherches, on peut cependant le fixer approximativement dès le début en tenant seulement compte de données que les ressources du district suffisent en général à déterminer, à savoir : le *mode de traitement*, les *prix de main-d'œuvre* pour les travaux de mines et pour les travaux extérieurs, enfin les *prix de transport* pour le matériel d'installation et pour les approvisionnements (vivres et outillage). D'autre part, on arrivera avec les mêmes éléments à estimer le maximum du capital d'installation pour une production journalière déterminée d'avance.

On comprend donc que la connaissance, même approximative, du prix de revient et du capital à engager dans l'affaire, pourra, dans quelques cas, rendre complètement inutiles les recherches, étant donné que la teneur moyenne des minerais de filons exploitables déjà connus ne dépasse pas un certain maximum ; et que, dans les autres cas, elle servira à limiter le stock de minerai qu'il convient de reconnaître, c'est-à-dire rendra beaucoup plus déterminé le but des travaux de recherches et permettra surtout de réduire au minimum la période proprement dite de ces travaux.

Traitement des minerais d'or. — Le *prix de revient* d'exploitation d'un minerai dépend essentiellement du mode d'abatage et du mode de traitement. De même que, lorsqu'il s'agit de filons métallifères en général, l'extraction doit être prévue par puits verticaux pour la plus grande partie, et par galeries seulement pour les étages supérieurs où la forme accidentée du terrain pourra permettre ce mode d'exploitation, de même, lorsqu'il s'agit de minerais d'or, le mode de traitement laisse peu d'incertitude. Nous ne parlerons pas ici de l'abatage, nous réservant de parler bientôt du prix de la main-d'œuvre qui en est l'élément le plus variable et le plus important.

On connaît, il est vrai, des minerais d'or complexes, *sulfures et tellurures*, dont le traitement a été essayé avec plus ou moins de succès, entre autres districts dans le Venezuela et dans le Canada ; mais la grande majorité des minerais traités jusqu'à ce jour ne comprend que des minerais d'or natif, pour lesquels le traitement le plus rationnel, déjà pratiqué avec succès sur de nombreuses mines, est celui du broyage et du lavage par amalgamation.

Les systèmes d'appareils pour le broyage varient peu : on a généralement adopté les concasseurs à deux mâchoires, l'une fixe et l'autre mobile, et les bocards à pilons d'un fort poids. — Le procédé de lavage a subi plus de variations : outre les tables d'amalgamation qui reçoivent le minerai à la sortie du bocard, on emploie tantôt des cuves d'amalgamation et de sédimentation, tantôt des amalgamateurs spéciaux de formes diverses ; et les résidus passent souvent dans des canaux ou *sluices*, garnis soit de plaques trouées, de fentes ou de chutes, soit de couvertures de laine (*blanket sluices*).

Cette dernière partie du traitement est surtout nécessaire, lorsqu'à l'or natif s'ajoute une certaine proportion de pyrites plus ou moins aurifères; mais lorsque cette proportion devient notable, c'est l'ensemble du traitement qui doit être modifié. Il convient alors de distinguer deux cas.

1° S'il s'agit principalement d'un mélange des pyrites avec l'or natif, une préparation mécanique bien conduite peut donner d'excellents résultats : c'est le procédé employé à *Morro-Velho* et dans quelques autres mines d'or du district brésilien de Minas-Geraez. — 2° Si la plus grande partie de l'or est en quelque sorte alliée chimiquement à la pyrite, le traitement devient très difficile : on a préconisé plusieurs systèmes, basés la plupart sur le grillage et la chloruration des minerais bocardés avant leur amalgamation, quelques-uns sur l'emploi de l'électricité soit pendant l'amalgamation, soit avant la chloruration ; mais outre que le traitement devient ainsi très coûteux, il n'a jamais encore, que nous sachions, donné de brillants résultats.

En Guyane, la plupart des quartz aurifères connus sont à or natif sans pyrites : nous pouvons signaler cependant. sur deux bassins, le Sinnamary et le Maroni, la présence de quartz à pyrites aurifères, dont le traitement devra être bien étudié, avant qu'on puisse songer à entreprendre la recherche de leurs gisements (1).

Ajoutons que, quelle que soit la nature du minerai, il sera toujours prudent de ne prévoir au début des recherches qu'une installation relativement petite, soit une batterie de dix flèches de bocard, mais disposée de manière à recevoir sur place une deuxième et même une troisième batterie.

Main-d'œuvre et conditions hygiéniques. — La *main-d'œuvre* est certainement l'élément qui influe le plus non seulement sur les frais d'abatage, mais encore sur le prix de revient total d'exploitation ; on peut, en effet, exprimer par trois chiffres de journées, en les rapportant tous trois à une tonne de minerai brut : 1° le prix d'extraction; 2° le prix du transport à l'usine, et 3° le prix du traitement du minerai. D'ailleurs il ne faut pas se contenter de juger la main-d'œuvre par le prix de la journée, car elle ne dépend pas moins de la somme de travail accompli pendant cette journée ; d'autre part, nous avons dit que le prix du travail à la tâche, qui donnerait une idée plus exacte de la main-d'œuvre, n'est pas applicable à tous les travaux, surtout dans la période des recherches.

En Guyane, par exemple, le salaire d'un ouvrier ordinaire qui est de 4 francs environ, joint au prix de revient de sa nourriture (2), qui varie de 1 fr. 50 à 2 fr. 50, suivant la situation de la mine, est plus élevé que le prix d'une journée de manœuvre au Caratal, dans le Venezuela (10 à 12 francs, y compris la nourriture), et même en Californie (12 à 15 francs), parce que l'ouvrier venezuélien et le

(1) Les quartz dont nous parlons se rattachent a deux types bien différents : sur le placer *el Dorado* (Sinnamary) on trouve en surface de gros cristaux de pyrite plus ou moins décomposés, souvent très riches même en or libre, et accompagnés de peu de quartz; tandis que, parmi les quartz que nous avons essayés du placer *Espérance* (Maroni), quelques-uns nous ont donné d'assez bonnes teneurs en or fin et ne laissaient voir à l'œil que de très petites mouches pyriteuses.

(2) L'ouvrier de Guyane reçoit toujours la nourriture en plus de son salaire : on lui donne du couac (manioc) ou du riz, qu'il préfère souvent au pain, quelques légumes secs et du bacaliau (petite morue salée) ou du lard salé; avec

californien exécutent dans la même journée de 8 heures, deux et trois fois plus de travail que l'ouvrier guyanais.

Cette différence ne tient pas seulement au climat et à la salubrité qui sont à peu près les mêmes en Guyane et au Venezuela, mais aussi au tempérament et, par suite, à la nationalité de l'ouvrier, en même temps, il faut bien le dire, qu'à son mode d'alimentation et à ses soins hygiéniques. La Guyane verra, nous l'espérons, se réduire notablement l'insalubrité de ses grands bois, au fur et à mesure des grands déboisements et de l'ouverture de larges voies de communication ; la nourriture et l'entretien de l'ouvrier pourront également y être améliorés par la culture sur place et par un accroissement du mouvement d'importation. Reste la question du tempérament de l'ouvrier qui ne saurait être résolue dans l'intérêt des Compagnies que par une immigration spéciale.

Nous ne croyons pas qu'on puisse jamais songer à employer dans les mines de la Guyane la main-d'œuvre ordinaire européenne : l'ouvrier des pays froids et même tempérés s'y acclimate trop difficilement (1) et ne peut d'ailleurs y travailler un certain temps que s'il est soutenu par une bonne nourriture. Aussi ne devra-t-on s'adresser à l'Europe que pour les employés et quelques ouvriers spéciaux, notamment des maîtres-mineurs.

Les nègres africains, les nègres des Antilles et les nègres créoles sont les ouvriers les plus vigoureux en Guyane ; nous ne parlons pas des nègres Boschs, qui ont presque les mœurs indiennes et refusent tout autre travail que le canotage. Les coolies des Indes Orientales sont beaucoup plus dociles, mais aussi paresseux que

cela, à titre de gratification, du tafia (1/10e de litre par jour) et du tabac. Les ouvriers d'art et contre-maîtres touchent quelques suppléments en vin ou en conserves.

On comprend que ce régime, joint à l'action débilitante du soleil, ne saurait donner une grande énergie. Cependant parmi les ouvriers d'alluvions qui travaillent à la tâche, les plus forts et surtout les moins paresseux exécutent dans la journée deux et trois fois la tâche qui leur est imposée; mais cette exception ne fait que confirmer l'infériorité du travail moyen.

(1) Notre galerie *Augusta* a dû en effet être arrêtée parce que les ouvriers qui l'exécutaient, récemment arrivés d'Europe, se sont plaints du manque d'air à 60 mètres environ, et sont d'ailleurs tombés malades peu de temps après ; tandis que des ouvriers colombiens nous ont poussé une autre galerie, sans se plaindre, jusqu'à plus de 130 mètres.

les premiers. Enfin les Annamites et les Chinois sont à la fois plus sobres, plus laborieux et surtout plus aptes à divers travaux soit extérieurs, soit souterrains : notons en passant qu'il convient de ne pas priver complètement les Chinois de l'usage de l'opium, de même qu'on donne en gratification aux nègres et aux coolies le tabac et le tafia.

Approvisionnements et transports. — L'exploitation d'une mine d'or en Guyane n'exige guère d'approvisionnements en dehors de ceux que réclame l'alimentation du personnel, et dont le prix de transport à la mine influe notablement, il est vrai, sur le prix de revient de la main-d'œuvre.

Si en effet nous mettons de côté les appareils d'installation et l'outillage du mineur et du laveur, dont l'entretien du moins ne saurait donner lieu à un transport considérable, il faut convenir de ce fait qu'on trouvera toujours en abondance sur les lieux et les bois nécessaires aux travaux des mines et le combustible destiné à la force motrice de l'usine ; d'ailleurs celle-ci devra toujours, en vue du lavage, être placée sur un cours d'eau. Enfin l'amalgamation n'exige qu'une faible quantité de mercure pour compenser les pertes inévitables pendant le traitement, l'amalgame recueilli étant d'autre part distillé dans des cornues avec condensateur.

On doit toutefois se préoccuper d'obtenir un mode de transport économique, en premier lieu, pour le matériel de l'usine de traitement, qui comprend des pièces volumineuses, et d'autres pesant jusqu'à 1200 kil. et 1500 kilogr., en second lieu pour l'approvisionnement de vivres qui doit en outre pouvoir se faire en toute saison.

Les seules voies de communication de la mer à l'intérieur, c'est-à-dire aux mines, sont actuellement les rivières et leurs affluents : les premières présentent quelques sauts ou rapides que ne franchissent pas toujours, à la saison sèche, les grands canots et encore moins les chaloupes à vapeur. Quant aux affluents, outre que leur lit est encore plus sujet à s'assécher au moins pendant trois mois de l'année, ils présentent en toute saison le double inconvénient d'avoir un parcours très sinueux et d'être tellement boisés que la navigation en canot y est très lente et très pénible quand elle ne devient pas impossible ; *a fortiori* la navigation à vapeur, que nous avons cependant essayée sur un affluent important de la Mana, a dû être abandonnée (1).

Malgré ces difficultés, nous devons reconnaître qu'en raison de la grande économie de force motrice qui caractérise le transport sur eau, les voies fluviales convenablement aménagées, c'est-à-dire déboisées, peuvent et doivent, dans bien des cas, être utilisées pour les transports de grosses pièces, et notamment pour celui du matériel d'installation ; mais nous estimons que, même après cette amélioration, elles deviendront insuffisantes pour assurer un approvisionnement régulier.

Nous n'avons que peu de confiance dans l'établissement économique et dans le fonctionnement normal, en pleine forêt vierge, des voies ferrées.

Peut-être l'avenir réserve-t-il à la Guyane, la région par excellence des vents alizés, une des premières applications industrielles de la *direction des ballons ?* Nous n'osons pas affirmer la réalisation prochaine de cette application ; mais les progrès récents de la navigation aérienne s'ajoutent pour nous la faire espérer aux conditions climatériques favorables que présentent les forêts vierges de la zone tropicale.

En attendant, et surtout tant que plusieurs grandes Compagnies ne seront pas groupées sur un même bassin, nous recommandons de n'établir, au début des exploitations, que de simples routes terrestres pour les transports par mulets (2), routes qui exigeront

(1) Pour donner une idée de cette difficulté, il nous suffira de dire que sur le Lézard, affluent de la Mana, un trajet de 60 kilomètres s'exécute à la remontée au minimum en trois jours, à raison de huit heures de navigation par jour, avec un étiage moyen, mais plus communément en quatre à cinq jours (soit une vitesse de 1,600 à 1,700 mètres à l'heure). — A la descente, la variation de vitesse est beaucoup plus grande, car avec un courant rapide on peut aisément faire le même trajet en quinze heures de navigation, tandis qu'il faut souvent cinq à six journées en forte sécheresse.

L'étiage étant très variable, on est fréquemment obligé de tronçonner à la hache de gros bois couchés en travers de telle sorte que le canot ne peut passer ni dessus ni dessous : on supprime ainsi l'obstacle qui subsisterait si l'on se contentait, parce que le bois est souvent très dur, de décharger le canot et de le porter à bras, comme on procède au passage de quelques sauts.

(2) L'emploi des bêtes de charge, qui n'a encore été mis en pratique que sur le Sinnamary, n'est possible en forêt vierge qu'à la condition d'exécuter,

beaucoup moins de frais que les voies ferrées, tant pour leur établissement que pour leur entretien.

Débouchés de l'exploitation. — A côté de la question des approvisionnements, celle des débouchés est tout à fait insignifiante quand il s'agit d'une mine d'or.

Le métal précieux, obtenu sur la mine, soit en grenailles, soit en lingots, peut en effet être vendu sur tous les marchés, sans crainte de dépréciation sensible dans sa valeur : il est à peine utile de rappeler que même la découverte des riches gisements aurifères de la Californie n'a pas produit sur le marché de l'or la baisse à laquelle on pouvait s'attendre.

Les frais de transport du produit de l'exploitation comportent seulement une grande surveillance à l'intérieur, hors de la colonie quelques frais d'assurances, et sont, par suite assez élevés. Il existe en outre, pour l'or des alluvions, un droit d'entrée dans Cayenne et un droit de sortie *ad valorem* très onéreux ; mais comme la loi de 1810 qui régit les mines françaises a été décrétée, en 1881, applicable à la colonie guyanaise pour les concessions de filons (1), nous avons tout lieu de croire, si aucune modification ne survient, que l'exploitation filonienne ne devra être frappée, en plus de la redevance fixe par hectare, que d'une redevance proportionnelle aux bénéfices nets.

Cette dernière disposition nous semble, du reste, fort juste, étant

aux points de départ et d'arrivée, et aussi de distance en distance sur le parcours, de grands déboisements propres à la culture de pâturages ou de plantes fourragères, comme il convient également d'en créer si l'on veut pouvoir garder en réserve du bétail pour l'alimentation.

(1) Le conseil général de Cayenne avait essayé de porter atteinte au décret de 1881, qui rend applicable la loi de 1810, en matière de filons, en votant un projet de décret, revisé postérieurement par le conseil privé de la colonie, qui y inséra certaines modifications encore plus opposées aux sages dispositions essentielles de notre loi minière, notamment la durée de la concession limitée à 30 ans. Mais outre que le conseil général n'a même pas le droit de voter un projet de décret, comme la question n'intéresse pas moins la métropole, seule capable de fournir des capitaux, que la colonie, propriétaire du sol, nous espérons que le gouvernement métropolitain ne tiendra aucun compte de toute proposition qui tendrait à faire modifier sinon la lettre, du moins l'esprit de la loi de 1810.

donnés les frais énormes et les avances que nécessitent des entreprises telles que les exploitations filoniennes aurifères, quelquefois très prospères, mais toujours au début très aléatoires. Et si une modification devait être introduite dans la loi de 1810 appliquée à la Guyane, nous estimons qu'elle ne devrait porter que sur les formalités à remplir, ou tout au plus sur le chiffre de la redevance, sans toucher aux principes de la propriété des mines et de la proportionnalité de la redevance aux bénéfices nets de l'exploitation.

Prix de revient général. — Nous venons d'effleurer les principaux sujets relatifs aux éléments dont la connaissance plus ou moins approchée servira à fixer au moins une limite maxima des prix de revient d'extraction et de traitement des minerais d'or. Pour arriver à se faire une idée du prix de revient général d'exploitation, il faut en outre tenir compte des *frais généraux* qui sont de deux sortes :

En premier lieu, frais de direction, redevances, frais d'administration et divers, qui ne sauraient être évalués que très approximativement et devront toujours être largement comptés dans les prévisions d'un projet de recherches.

En second lieu, frais d'amortissement du capital à engager dans l'affaire. Ce dernier élément résultera de la connaissance de tous les autres, et devra être basé non seulement sur l'évaluation du premier capital destiné aux recherches, mais aussi sur celle du capital d'installation (y compris le capital de roulement) qu'il conviendra cependant de ne former en général que lorsque les recherches auront donné un bon résultat, et enfin s'il y a lieu, sur les données relatives aux achats de terrains ou de concessions. — Pour une exploitation de filons aurifères, nous estimons que le capital doit être amorti dans un délai de cinq à dix années au maximum; cependant, en vue du seul projet de recherches, on obtiendra une approximation suffisante du prix de revient en comptant, pour l'intérêt et l'amortissement, environ 15 0/0 du capital total prévu, qui seront répartis sur la production annuelle probable.

Le prix de revient, rapporté à la tonne de minerai traité, que nous avons ainsi obtenu pour divers placers de la Guyane française, varie de 120 à 140 francs, et semblerait devoir être supérieur à celui qui résulte de l'exploitation des principales mines du Caratal, si on en excepte la plus importante, *el Callao*, longtemps grevée de frais généraux par trop considérables. Mais hâtons-nous d'ajouter que les chiffres précédents se rapportent aux premières installations dans un pays qu'on peut considérer comme un pays neuf au point de vue de beaucoup de ressources.

Lorsque la main-d'œuvre sera devenue plus abondante, que la Guyane sera traversée par de grandes voies de communication, et qu'enfin les Compagnies nouvelles, mettant à profit l'expérience de leurs aînées, pourront se contenter de recherches moins laborieuses et éviter dans l'installation de nombreux tâtonnements, ce jour-là, nous en sommes convaincu, le prix de revient général s'abaissera à *100 ou 120 francs* au maximum, suivant la situation des mines (1).

Rendement moyen. — Nous adopterons, pour fixer les idées,

(1) Les deux estimations du *prix de revient par tonne* qui précèdent peuvent se décomposer ainsi qu'il suit :

	Actuellement.	Dans un avenir prochain.
Pour abatage, boisage, aérage, épuisement, roulage intérieur et extraction.	40 à 45 fr.	35 à 40 fr.
Pour roulage extérieur jusqu'à la bouche du concasseur.	5 à 10 »	5 à 10 »
Pour traitement à l'usine (broyage et amalgamation).	35 à 40 »	30 à 35 »
Pour frais de recherches permanentes (à prélever sur les bénéfices).	(Pour mémoire).	
Pour frais généraux (y compris l'intérêt et l'amortissement du capital.	40 à 45 »	30 à 35 »
Prix de revient total par tonne. . . .	120 à 140 fr.	100 à 120 fr.

La principale réduction à la seconde colonne porte sur les *frais généraux*; car, outre les causes énumérées ci-dessus, nous devons compter l'augmentation de la production journalière qui contribue le plus à réduire cet élément. Observons encore que nous ne faisons pas varier l'abatage et ses accessoires plus que les autres éléments, parce que les frais d'extraction et d'épuisement ou d'aérage, plus élevés dans la profondeur, sont compensés dans une certaine proportion, par les frais de boisage, plus importants près de la surface.

On sait, d'ailleurs, que l'abatage se fait généralement par gradins droits, pour éviter la perte de l'or dans les déblais qu'on aurait sous les pieds en employant les gradins renversés.

la valeur maxima de *120 francs* que le prix de revient par tonne de minerai traité ne doit pas dépasser dans l'avenir. Ce prix maximum étant connu, nous pouvons définir nettement le but des recherches : découvrir et reconnaître en place un stock suffisant d'un minerai dont le *rendement moyen* soit supérieur au prix de revient général d'exploitation. — Nous ne saurions trop insister sur le terme de rendement moyen qui entre dans cette définition, parce que c'est à une fausse évaluation du rendement des minerais à la suite des premiers essais qu'il faut attribuer l'insuccès de la presque totalité des affaires de mines reconnues mauvaises au moment de la mise en marche de l'exploitation, alors seulement que tous les capitaux formés ont été dépensés le plus souvent sous forme de frais généraux bien plus qu'en recherches ou travaux utiles.

Le rendement moyen d'une zone riche de minerai ne pourra, il est vrai, être établi avec quelque exactitude que lorsque tout le minerai aura été convenablement traité, en rapportant à une tonne l'or produit par la totalité du minerai extrait de cette zone. Nous avons, en effet, constaté dans tous les gisements aurifères que, même en profondeur où nous admettons pourtant la continuité de richesse et une homogénéité relative dans la teneur, deux essais faits sur des parties minéralisées très voisines ne donnent jamais identiquement le même résultat : rappelons à ce sujet d'une part les veines bleutées des filons du Caratal qui sont notablement plus riches que la masse du remplissage blanc de lait et ne peuvent toutefois en être nettement séparées, d'autre part les quartz d'affleurement dans les fissures réouvertes de Guyane, qui sous le même facies, accusent à l'essai des teneurs très différentes.

Nous devons donc, pour le rendement comme pour le prix de revient, nous contenter, au début et même au cours des travaux de recherches, d'une évaluation approximative, mais qui doit toujours rester inférieure au chiffre réel, tandis qu'il convient de forcer les chiffres représentant les éléments du prix de revient, si l'on veut éviter plus tard tout mécompte dans la réalisation des bénéfices. Et cette évaluation du rendement, nous l'obtiendrons par une série de prises d'essai, avec d'autant moins d'erreur que ces prises seront faites avec plus de soin sur l'ensemble du gîte tracé ou du moins bien reconnu.

Prises d'essai de minerai. — Les prises d'essai doivent être pratiquées de distance en distance sur toute la longueur en direction de la zone riche aux divers niveaux reconnus et porter sur toute l'épaisseur du filon à exploiter. Elles doivent être d'autant plus rapprochées l'une de l'autre que la richesse du gîte aura été constatée plus irrégulière dans les premiers essais qui accompagnent les recherches; et dans les zones les plus régulières, cette distance entre deux prises consécutives ne devrait jamais dépasser 5 mètres.

Si la galerie, la descenderie ou le remontage sont exécutés en plein minerai, on fera les prises d'essai sur les tas de minerai extraits. Mais, ainsi que nous l'avons recommandé pour obtenir un avancement plus rapide, ces ouvrages de reconnaissance ou de traçage suivent très souvent le filon dans la roche encaissante du toit ou du mur : dans ce cas, les prises devront résulter d'autant de traverses qu'on exécutera dans le filon, avec des dimensions suffisantes pour que le dernier coup de mine atteigne l'éponte du mur ou du toit qui n'était pas à découvert. Outre les veines de plus grande richesse, les filons d'or présentent en effet une teneur qui est très variable suivant l'épaisseur, quelquefois plus grande au toit, mais généralement au mur.

Sur chaque point de la surface à essayer, si le filon n'a que 0 m. 30 à 0 m. 40 cent. de puissance, un seul coup de mine donnera assez de minerai pour prélever par concassage, malaxage et broyage successifs, plusieurs prises homogènes qui devront donner à l'essai des résultats comparables. Si la puissance dépasse notablement 0 m. 40 cent., on opérera de la même manière pour chaque coup de mine, et lorsqu'on aura pris les moyennes respectives des essais du mur, des essais du toit et des essais intermédiaires, s'il y a lieu, la moyenne de ces divers résultats représentera la teneur probable en ce point de la surface filonienne.

A chaque concassage ou broyage en vue de réduire la prise, le prélèvement de cette dernière doit être fait avec le plus grand soin, et porter dans la même |proportion sur le gros, sur le moyen et sur le menu minerai, bien malaxés au préalable par petits tas séparés; on soumet enfin à l'essai la prise réduite, à l'état de sable, à 250, 200 ou 100 grammes au minimum.

Nous avons déjà dit que l'essai chimique est plus exact pour déterminer la teneur; mais le résultat de l'essai mécanique se rapproche beaucoup plus du rendement. Quel que soit d'ailleurs le mode d'essai employé, il sera prudent, pour évaluer le rendement d'une zone riche, de réduire la teneur à l'essai dans une proportion variant avec le chiffre de cette teneur. Pour les teneurs les plus ordinaires de 100 à 200 francs, exprimées sous forme de valeur en francs d'une tonne, nous estimons que la réduction doit être de 10 p. 100 environ. — C'est le *rendement moyen* ainsi obtenu, et non pas la teneur moyenne des essais, qu'on devra comparer au *prix de revient* général pour savoir si le gisement découvert est exploitable avec bénéfice.

Bénéfice d'exploitation. — En résumé, la recherche des filons d'or en Guyane française sera couronnée d'un premier succès lorsqu'on aura découvert un minerai aurifère d'une teneur moyenne à la tonne d'au moins 130 à 140 francs, c'est-à-dire d'un rendement moyen supérieur à 120 francs, chiffre que nous avons admis pour le prix de revient; et le succès sera définitif lorsqu'après avoir poussé les travaux en profondeur sur un seul point ou sur plusieurs points voisins de la même concession, on aura reconnu un stock de minerai qui assure la possibilité d'exploiter au moins aussi longtemps que l'exige l'amortissement sur la durée duquel on a calculé le bénéfice. Nous allons essayer d'évaluer avec les données précédentes le minimum du bénéfice qui doit être assuré pour couvrir toutes les dépenses, en d'autres termes le minimum du *bénéfice d'exploitation*, déduction faite sur le prix de revient des frais généraux d'amortissement.

On distingue, en effet, le bénéfice *brut* et le bénéfice *net*, mais c'est le bénéfice brut que nous calculerons en premier lieu ; car le bénéfice net, désignant pour une tonne de minerai celui qu'on obtient en déduisant du rendement la valeur totale du prix de revient, y compris les frais d'amortissement, ne sera autre chose en somme que le bénéfice prévu en excédent de l'évaluation minima qui va suivre :

1° Nous estimons que pour exécuter pendant une année au plus des recherches sérieuses sur une concession étendue, mais déjà explorée au point de vue des alluvions, il suffira en général de disposer d'un capital (1) de. . . . . fr. 150 à 200.000

2° Une première installation de 10 flèches de bocard, avec tous ses accessoires, ne devrait pas coûter, tous frais généraux compris pendant une année, plus de. 200.000

3° Ajoutons comme capital de roulement et pour dépenses imprévues. . . . . 100 à 150.000

Le capital total de recherches et d'installation s'élève donc à. . . . . fr. 450 à 550.000

et, dans ce cas, la recherche aura pleinement réussi, lorsque par les travaux exécutés on aura pu reconnaître un cube de minerai représentant au moins un bénéfice brut ou d'exploitation d'environ *500.000 fr.* Or, l'amortissement de cette somme en dix ans,

---

(1) Nous ne détaillerons ici que le chiffre relatif aux frais de recherches, en donnant à ces travaux la durée d'une année, pendant laquelle ils seront utilement continués avec la même importance. Mais nous avons dit qu'on arrivera le plus souvent à un bon résultat le sixième ou le huitième mois, et c'est à partir de cette époque au plus tard, qu'il convient d'exécuter les commandes de matériel et de commencer les travaux préparatoires pour l'installation et l'exploitation. On peut compter :

20 à 30 ouvriers, pendant 300 jours à 10 fr. (nourriture comprise).	60.000	à	90.000 fr.
2 contremaîtres, un an à 4 ou 5.000 fr. chacun, et nourris.	12.000	à	15.000 »
Un ingénieur à 20 ou 25.000 fr., plus nourriture et frais généraux.	35.000	à	40.000 »
Matériel et outillage (pics, pelles, forges, sonde, pompes, etc.)	8.000	à	10.000 »
Installations diverses de logements, canots, magasins, etc.	15.000	à	20.000 »
Frais de voyage, déplacements, frais d'administration, divers.	20.000	à	25.000 »
Total des frais de recherches pendant un an.	150.000	à	200.000 fr.

Ce chiffre total est estimé largement, comme doivent l'être tous les chiffres de dépenses ou de prix de revient, à l'inverse des estimations de teneur et de rendement qu'il convient de réduire d'autant plus qu'on a naturellement plus de tendance à voir dans les découvertes de très beaux résultats.

réparti sur une production annuelle de 3 à 4.000 tonnes de minerai extrait et passé à l'usine (1), donne environ 15 fr. par tonne, ce qui permet de réduire notre prix de revient à 105 fr. au maximum.

Admettons, pour fixer les idées, une moyenne de rendement supérieure à 200 fr. ; on pourra alors compter sur un bénéfice brut par tonne d'environ *100 fr.*, et le stock de minerai à découvrir devra être par suite au minimum de *5.000 tonnes*, soit *2.000 mètres cubes*, d'une teneur moyenne de *220 fr.* à la tonne.

Cette quantité de minerai à 200 fr. de rendement moyen permettrait d'amortir le capital en moins de deux ans, à la condition de ne pas se réserver pendant ce temps de bénéfices nets : mais comme un filon riche continu en profondeur sur une étendue notable donnera facilement un cube supérieur au minimum que nous venons de calculer, on pourrait aussi, dans ce cas, prolonger l'amortissement et s'assurer un bénéfice net, dès les premières années, d'autant plus élevé qu'on amortirait moins vite le capital. Bien que de pareilles combinaisons financières puissent paraître très avantageuses, nous ne saurions les recommander que lorsque la continuité de richesse du gîte en profondeur est tout à fait certaine ou du moins présente les plus grandes probabilités.

Richesse aurifère de la Guyane française. — En Guyane française, nous ne croyons même pas qu'il soit toujours nécessaire d'arriver au chiffre minimum de 5.000 tonnes de minerai mis à découvert pour conclure à l'exploitabilité des gisements et, par suite, pour songer à former le capital d'installation : ce que nous avons dit, en effet, de la continuité de la richesse en profondeur et des caractères que présentent dans ce district les affleurements de formations riches permettra, dans la plupart des cas, de généraliser les résultats obtenus sur d'autres mines avec d'autant plus de probabilités que les analogies observées dans les parties supérieures des filons seront plus nombreuses et plus frappantes ;

---

(1) Cette quantité de minerai traité dans 300 jours de travail équivaut pour 10 pilons au traitement journalier par pilon de 1 tonne à 1 tonne 33 ; estimation qui peut paraître faible, mais dans laquelle nous tenons compte des arrêts pour réparations ou autres, qui ne manqueront pas de se produire.

cependant, il sera toujours prudent de n'installer au début qu'une batterie de 10 pilons.

En procédant ainsi, on aura d'ailleurs l'avantage de faire marcher ensemble et la fin des recherches et le commencement de l'installation : la première batterie pourra, dès lors, fonctionner peu de temps après la fin des recherches proprement dites, et si celles-ci ont confirmé les premières prévisions, on obtiendra plus vite des bénéfices qui seront utilement employés à ajouter à l'usine de nouvelles batteries en vue de doubler ou tripler la production journalière. Comme d'ailleurs les frais généraux ne suivent pas nécessairement la même progression que les autres éléments du prix de revient, on arrivera par là plus vite à un accroissement notable du bénéfice d'exploitation et surtout du bénéfice net rapportés à une tonne.

Nous espérons que les considérations économiques sur l'exploitabilité des filons concourront avec les instructions pratiques du chapitre précédent, pour développer en Guyane le goût des recherches filoniennes, en même temps qu'elles serviront à la rédaction et à l'exécution de nombreux projets.

Le sol de la Guyane est sillonné de filons quartzeux dont les affleurements sont visibles en surface ; nous ne croyons pas en général à leur richesse. Mais nos travaux de recherches sur plusieurs concessions de divers bassins et notamment de la Mana, et nos essais sur un grand nombre de quartz provenant de tous les bassins réputés aurifères nous permettent d'affirmer qu'il existe dans tout le district guyanais, ou tout au moins sur une large zone est-ouest de ce district à peu près équidistante de la mer et des sommets de la chaîne de Tumuc-Humac, d'autres filons beaucoup moins apparents qui présentent des colonnes de richesse régulière et continue en profondeur : c'est sur ces derniers que repose l'avenir industriel de la colonie, c'est-à-dire sa grande production future en métal précieux.

Bien que nos travaux filoniens pour le compte de la *Compagnie générale de la Mana* et sur le placer *Elysée* aient été interrompus plusieurs fois pour des causes indépendantes de notre volonté, la confiance dans le succès que nous avaient inspirée les résultats de notre première mission (1883-84) a été pleinement confirmée par les découvertes qui ont marqué notre second séjour (1885) en

Guyane française, et recevra une confirmation bien plus évidente par la continuité et l'accroissement de la production qu'on aura pu constater à la fin de 1886 (1).

Cette première réussite doit encourager les exploitants et concessionnaires d'alluvions guyanais à entreprendre sur leurs terrains respectifs des recherches filoniennes ; et si ces recherches sont bien dirigées et suivies avec persévérance et confiance, nous ne doutons pas que l'exploitation filonienne prenne bientôt en Guyane une extension de plus en plus grande et soit pour cette colonie la source d'une très grande richesse.

(1) D'après les dernières nouvelles que nous avons de la *Compagnie générale de la Mana*, le montage de l'usine, qui ne comprend actuellement qu'une batterie et demie de bocards, soit 15 pilons, doit être terminé à la fin du mois de juillet, et la mise en marche suivra immédiatement. Il est donc probable que cette première entreprise filonienne sera entrée dans la période de production au moment où paraîtront ces lignes.

D'autre part, la richesse des filons n'a pas cessé de s'affirmer, et depuis plusieurs mois déjà on a commandé le matériel nécessaire pour compléter deux batteries de 10 pilons, c'est-à-dire pour arriver prochainement à un traitement journalier minimum de 20 a 25 tonnes de minerai, chiffre qui pourra encore être augmenté, lorsque le développement des recherches en profondeur aura confirmé les nouvelles découvertes sur lesquelles nos premiers travaux nous permettent de compter.

CHAPITRE VII

CONSÉQUENCES DE L'EXPLOITATION FILONIENNE

EN GUYANE

Causes d'insuccès en Guyane française. — Richesse agricole du sol de la colonie. — Main-d'œuvre et immigration. — Voies et moyens de transport. — Richesse minérale et prospérité agricole.

Les espérances de richesse aurifère que nous ont fait concevoir, d'une part, la découverte de quelques filons exploitables sur les concessions de la *Compagnie générale de la Mana*, d'autre part l'impression favorable rapportée de notre visite sur plusieurs autres concessions et celle qui résulte de nos essais sur des quartz de faciès très différents, sont d'autant plus précieuses pour l'avenir de la Guyane française que cette colonie, ainsi que nous l'avons dit dans nos préliminaires, en la comparant aux Guyanes anglaise et hollandaise, est actuellement dans une situation peu prospère au point de vue de l'industrie des mines, mais surtout aussi complètement improductive, malgré son étonnante fertilité, au point de vue agricole (1).

(1) Non seulement les quelques exemples isolés de production que nous citerons plus loin ne suffiraient pas à justifier que la Guyane française est actuellement un pays de production, mais, en raison même de l'étendue du territoire et de l'uniformité du sol, nous ne pouvons les considérer que comme la meilleure preuve de ce fait que la colonie ne produit sensiblement rien en raison de sa fertilité.

Nous allons faire voir dans ce dernier chapitre, qui sera ainsi la conclusion de tous les précédents, comment l'industrie agricole, entravée cependant en partie par l'exploitation de l'or dans les *alluvions*, est appelée à se relever en Guyane dans un avenir prochain, par suite de l'exploitation de l'or dans les *filons*.

Causes d'insuccès en Guyane française. — L'agriculture n'a jamais été florissante dans notre colonie guyanaise : les premières entreprises agricoles, notamment celles du siècle dernier, ont échoué soit pour des causes politiques, soit par suite d'une mauvaise administration ; et lorsque vers le milieu du xixe siècle quelques colons commençaient enfin à tirer parti de la fertilité du sol, deux événements, qu'on ne doit cependant pas regretter, sont venus coup sur coup arrêter ce nouvel essor de l'industrie agricole.

L'émancipation de la race nègre, en 1848, supprima d'abord la main-d'œuvre que fournissaient à si bon compte les esclaves ; puis quand survint, en 1853, la *découverte de l'or*, les affranchis qui n'étaient plus liés par des contrats ne tardèrent pas à monter dans les grands bois, sur les mines où les appelait un plus fort salaire.

D'autre part, nous avons signalé ce fait que la production des alluvions aurifères, après avoir passé par un maximum, tend aujourd'hui à décroître rapidement et ne saurait constituer la base d'un avenir durable pour la colonie. Cette stagnation, pour ne pas dire cette décroissance actuelle de l'exploitation alluvionnaire, ne tient pas à l'imperfection, qu'on a quelquefois invoquée à tort, des procédés de lavage, mais bien à l'épuisement successif des couches découvertes et, d'une manière générale, au caractère peu durable de cette exploitation.

Nous avons déjà insisté sur ces causes, et nous ajouterons seulement ici que les procédés de lavage actuels nous semblent bien compris pour traiter une couche aussi irrégulière que celle des criques guyanaises.

Après avoir déboisé trois cents mètres environ de la portion de crique reconnue riche par les prospections, on établit un barrage en amont, un canal d'écoulement au pied d'un des versants, et on installe à la partie inférieure un sluice en planches, de quinze à trente mètres de longueur totale, qui reçoit l'eau du canal. Après qu'on a déblayé et traité la couche aurifère de part et d'autre du sluice, on déplace l'appareil en remontant, et ainsi de suite jusqu'au barrage. Si la crique a une largeur supérieure à six ou huit mètres, et si la quantité d'eau le permet, on installe deux appareils de front. Les gros bois restent en place et n'empêchent pas de traiter la portion de couche qu'ils recouvrent. Les hommes font le déblaiement et chargent le sluice à la pelle; quelques femmes procèdent sur le sluice au débourbage des gros cailloux et des parties argileuses.

Avec un sluice bien installé et le travail étant conduit sans précipitation, les pertes sont faibles. Et nous sommes persuadé que tout autre procédé, par exemple l'établissement d'un sluice fixe de quatre-vingts à cent mètres de longueur, sur lequel on amènerait soit par rails soit par chaîne flottante les sables et graviers de toute la zone de crique riche, ne donnerait pas d'aussi bons résultats, surtout au point de vue économique, en raison même de l'irrégularité de la richesse et des difficultés inhérentes au cours sinueux et à l'encombrement du lit des criques.

Rappelons enfin le peu de confiance que nous avons exprimée dans l'exploitation en grand, soit au moyen d'extracteurs soit par la mise à sec du lit, des sables plus ou moins aurifères qu'on rencontre dans le lit actuel des grands affluents et des rivières principales, et cela pour les mêmes raisons qui nous font écarter le lavage en grand des alluvions de criques : difficultés énormes d'installation, et surtout grande irrégularité d'une richesse que nous ne croyons pas d'ailleurs considérable (1).

Quelque peu importante que soit, du moins aujourd'hui, l'exploitation alluvionnaire, elle a non seulement contribué en Guyane, à l'augmentation des salaires, mais aussi causé l'insuccès de quelques essais d'émigration sur des sujets qu'on a eu le tort d'envoyer dans

(1) L'exploitation du lit actuel des rivières, déjà essayée sans succès, il y a quelques années sur l'Approuague, a été encore empêchée dernièrement dans le bassin de la Mana par un accident qui a mis hors de service l'appareil d'extraction; une Compagnie nouvelle, formée spécialement pour le même objet sur le Sinnamary depuis plus d'un an, attend avec impatience ses résultats. Quelles qu'aient été les causes des insuccès précédents, nous avons dit plus haut que

les bois sans provisions et avant qu'ils fussent acclimatés. Et cependant, la production d'or venant à cesser tout d'un coup, l'agriculture ne se relèverait encore pas en Guyane, attendu que l'ouvrier créole, après avoir travaillé aux mines, reviendrait difficilement au travail de la terre, et que l'ouvrier étranger qui déjà immigre fort peu pour les mines d'alluvions serait bien moins attiré par un salaire inférieur.

Cette dernière éventualité ne peut plus être admise aujourd'hui, après la découverte des filons aurifères riches dont l'exploitation influera seule par son caractère durable sur le relèvement prochain de l'agriculture.

Richesse agricole du sol de la colonie. — Avant de faire ressortir cette influence, énumérons d'abord rapidement les principaux éléments de richesse que la colonie possède au point de vue agricole. Sa fertilité résulte à la fois de sa situation tropicale et de son climat essentiellement pluvieux (la hauteur d'eau qui tombe annuellement dépasse 4 mètres); et la végétation abondante qui recouvre le sol, tant les terres hautes que les terres basses, a produit dans la suite des siècles une couche d'humus que l'on peut considérer comme inépuisable.

Les essais antérieurs de plantations permettent du reste de se faire une idée des nombreux produits qu'on peut espérer récolter en Guyane, produits qui varient suivant l'exposition, l'altitude et le rapprochement plus ou moins grand de la mer et des cours d'eau.

Nous partagerons ces produits, dont quelques-uns seulement font encore l'objet de petites exploitations, en trois classes principales suivant les usages auxquels on doit les destiner, et nous ne citerons que les plus connus :

1° Pour l'*industrie*, des substances textiles telles que le *coton* et la

le caractère torrentiel des rivières guyanaises ne comporte pas de grands dépôts d'or fin. On ne saurait donc, en plus de quelques enrichissements partiels en gros or au-dessous de cheminées filoniennes, trouver de richesse dans les fleuves ou leurs affluents principaux que sur un certain nombre de bancs de sable ou de gravier, en général peu développés, déposés en des points particuliers, par exemple, à quelque distance en aval des sauts.

ramie; des substances tinctoriales telles que le *roucou,* qui est encore le principal produit d'une plantation assez importante sur le haut Maroni (1); et des substances propres à divers usages, telles que la *gutta-percha :* nous avons vu sur le pénitencier des Hattes, à l'embouchure du Maroni, une famille de *balatas* dont chaque pied donne annuellement 3 kilogrammes de gutta-percha.

2° Pour la *consommation et l'exportation,* la *canne à sucre,* dont on fait du tafia sur divers points et d'excellent rhum à Mana et à Saint-Laurent; le *manioc,* cultivé sur l'Oyapock, l'Approuague et le Maroni, et qui constitue, sous forme de *couac* ou de *cassada,* la principale nourriture des ouvriers; le *café* dont quelques plantations de l'Approuague fournissent une excellente qualité: le *cacao,* le *poivre,* les *girofles,* la *muscade,* la *vanille,* le *tabac,* etc... et des substances pharmaceutiques.

3° Pour la *consommation intérieure* seulement, des fruits de toutes sortes, tels que *bananes, ananas, mangues :* la plus grande partie de nos *légumes,* le *riz* et quelques céréales telles que le *maïs.*

Ajoutons à cette nomenclature les produits de l'exploitation forestière qu'une grande Compagnie vient d'entreprendre sur le Maroni : on trouve, en effet, en Guyane les essences de bois les plus estimées, pouvant servir à diverses industries : *l'ébène noir, l'ébène violet, l'angélique, l'acajou,* et bien d'autres dont la plupart ne sont guère connues que par des désignations locales. Citons encore le *bois de rose,* dont la distillation a été essayée en Guyane même, et ne demanderait pour être reprise avec bénéfice que la facilité de transport du bois à l'usine. Nous ne croyons pas

(1) L'île *Portal,* sur le Maroni, en amont du village de Saint-Laurent, est le seul exemple qui reste, à notre connaissance, d'une exploitation agricole un peu considérable; les autres cultures particulières que nous citerons ne se font plus que sur une très petite échelle, et les pénitenciers mêmes, placés cependant dans d'excellentes conditions de main-d'œuvre, sont bien loin de produire ensemble de quoi payer les frais de leur entretien. Si l'exploitation de l'île Portal a pu subsister jusqu'à ce jour, on doit attribuer ce fait à la situation d'isolement de l'île au milieu du Maroni, et aussi sans doute à l'intelligence, à la bienveillance et à l'esprit d'ordre de ses propriétaires; ce qui a permis à ces derniers de conserver sur leur propriété des familles d'ouvriers, qui, bien soignés d'ailleurs, se contentent d'un modique salaire.

d'ailleurs que l'exploitation forestière puisse être largement rémunératrice, les essences ne se trouvant pas d'ordinaire en familles, avant que de nombreuses routes soient tracées dans l'intérieur des terres et permettent un accès facile du milieu de la forêt aux divers ports d'embarquement.

Nous avons nommé dans l'énumération qui précède le pénitencier des Hattes, et nous devons faire observer qu'il nous a paru, du moins à l'époque de notre visite en 1885, faire exception, par sa production rémunératrice, au caractère général des autres établissements de ce genre : outre la culture des balatas, nous avons vu, en effet, sur ce pénitencier l'élève du bétail pour produire du laitage, et la pêche des tortues pour l'extraction de leur huile. Avec ces produits et quelques autres moins importants, M. le directeur des Hattes nous a affirmé qu'il subvenait aisément à toutes les dépenses de l'exploitation, y compris les frais généraux, et qu'il pourrait obtenir des bénéfices notables, si malheureusement son personnel n'était par trop limité : l'établissement des Hattes n'est, en effet, qu'un petit annexe du pénitencier de Saint-Laurent.

N'y a-t-il pas, en conséquence, sur les autres pénitenciers une administration défectueuse ou au moins des frais généraux trop considérables? Il est bien certain dans tous les cas qu'avec des prix de main-d'œuvre peu élevés les propriétaires particuliers, qui de leur côté pourraient beaucoup réduire ces frais généraux, arriveraient à tirer un excellent parti du sol de la Guyane, presque partout bien plus fertile que le sol sableux des Hattes.

Main-d'œuvre et immigration. — Que manque-t-il à la Guyane française pour que cette fertilité du sol devienne la source d'une grande production et d'une prospérité plus durable encore que celle qui doit résulter de la production filonienne aurifère? Deux éléments principaux, les mêmes que nous avons vus tant influer sur le prix de revient de l'exploitation des filons d'or, sont aussi nécessaires au relèvement de l'agriculture. Il convient en premier lieu de rendre à la Guyane un élément qu'elle a possédé mais dont elle n'a jamais tiré grand parti, à savoir une main-d'œuvre abondante et économique, et cela sans renoncer au travail des mines et de même, assurément, sans revenir à l'esclavage.

En second lieu, il faut créer et développer dans la colonie un élément de travail qui n'y a jamais existé qu'à l'état rudimentaire. des voies de transport faciles et sûres tant dans l'intérieur que sur la côte pour relier les bourgs ou quartiers entre eux et à Cayenne.

La première condition ne peut être remplie que par l'*immigration*. beaucoup trop négligée dans ces dernières années par l'administration coloniale: et nous ne devons pas confondre l'immigration destinée à l'agriculture avec celle qui convient au travail des mines. Avec des salaires élevés, les grandes Compagnies minières pourront toujours, comme elles le font déjà, appeler dans la colonie des ouvriers propres aux divers travaux de leurs exploitations : on s'adresse principalement, pour cet objet, aux nègres des Antilles et surtout aux dominicains; mais il serait à désirer qu'on pût aussi faire venir les nègres de la côte occidentale d'Afrique, qui sont en général à la fois les plus robustes et les moins paresseux.

Ce n'est pas là l'immigration sur laquelle on doit compter pour l'agriculture : les possessions orientales anglaises pourraient seules fournir de nombreux sujets, Chinois ou coolies indiens, qui se contenteraient d'un faible salaire, au moins pendant les premières années; et pour obtenir cette immigration, le gouvernement colonial n'a qu'à prendre l'engagement d'employer les immigrants environ 4 ou 5 ans exclusivement aux travaux agricoles : ils pourront ainsi s'acclimater dans la Guyane et seront libres, au bout de ce temps, de demander leur rapatriement ou de rester dans la colonie et même de s'engager sur les mines.

On a souvent répété que la Guyane jouit d'un très mauvais climat, mais cette opinion est tout à fait exagérée. La fièvre jaune n'y fait que de très rares apparitions, et c'est exceptionnellement qu'elle vient, en 1885, d'y séjourner plusieurs mois; car le sol y est balayé presque toute l'année par les vents alizés. Les fièvres intermittentes sont à peu près les seules qui régnent dans les grands bois; encore ne présentent-elles presque jamais un caractère pernicieux (1).

(1) Le caractère le plus fréquent des fièvres guyanaises est l'anémie; avec une bonne hygiène, l'usage modéré de la quinine, un régime rafraîchissant à l'exclusion de tous les aliments qui augmentent la sécrétion de la bile, et par-dessus tout une grande sobriété, le séjour des grands bois devient très supportable. On y est peu incommodé par la chaleur (il est indispensable,

Cependant, pour l'exploitation agricole comme pour l'exploitation filonienne, il conviendra, au moins jusqu'à ce que le pays soit plus assaini par les déboisements, de ne chercher en Europe que des employés ou quelques ouvriers d'art : ces Européens, bien nourris et bien soignés, supporteront même le séjour de la forêt vierge, à la condition de descendre de temps en temps (un à deux mois environ tous les ans) à Cayenne ou dans les quartiers au bord de la mer.

Nous dirons enfin quelques mots d'une main-d'œuvre qui existe en principe dans toutes les colonies pénitentiaires, mais dont la Guyane n'a jamais su profiter, celle des transportés et nous pouvons ajouter aujourd'hui celle des récidivistes.

De même que les soldats de nos compagnies disciplinaires en Afrique ont à exécuter des travaux souvent très durs, pourquoi n'imposerait-on pas aux récidivistes, bien plus coupables, une discipline rigoureuse et l'obligation de fournir une certaine somme de travail? Mais qui pourrait croire, à voir la Guyane, que ce pays a gardé pendant de très longues années plusieurs milliers de transportés condamnés aux travaux forcés? A côté du peu de prospérité de leurs établissements agricoles, signalons le chiffre insignifiant des routes qu'ils ont créées, à peine une trentaine de kilomètres autour de Cayenne.

A fortiori la colonie ne retirera, croyons-nous, aucun avantage commun de la présence des récidivistes qui ne sont pas condamnés aux travaux forcés, et qui, malgré toutes les précautions qu'on prendra contre eux, ne pourront que causer bien des désagréments aux particuliers et attenter sinon à leur vie, du moins à leurs propriétés.

toutefois, de se garantir du soleil, surtout dans l'immobilité), et on s'habitue même facilement à recevoir la pluie toute la journée, pourvu qu'on puisse faire un peu de feu le soir. Nous avons éprouvé que la saison pluvieuse est beaucoup plus saine que la sécheresse, parce que la pluie balaie à la fois les miasmes de l'atmosphère et les feuilles qui pourriraient sur le sol. Quoi qu'il en soit, à la moindre indisposition, on peut se remettre bien vite à Cayenne et dans quelques villages, où le vent de la mer est le grand régulateur de la température, qui, dans toute l'année, ne varie guère qu'entre 20° et 29° centigrades.

Voies et moyens de transport. — La seconde question à résoudre pour le relèvement de l'agriculture en Guyane est la création de voies de transport.

Il y a longtemps qu'on a fait plusieurs projets d'une grande voie côtière qui partirait de l'Oyapock pour aboutir au Maroni en passant par Cayenne : cette voie, soit canal, soit route ferrée, ne présenterait pas les difficultés et les dangers de la route maritime (1) ; mais son établissement nous semble devoir être long et coûteux, surtout en raison de la traversée des grands fleuves : celle-ci nécessiterait, en effet, de grands ouvrages, si l'on veut éviter, d'une part les inconvénients de déchargements et chargements successifs ; d'autre part, dans l'hypothèse d'un canal, les ensablements ou envasements produits par le flux et le reflux ainsi que par les grandes crues. Et, à moins que la colonie ne dispose prochainement d'une main-d'œuvre très économique, comme le serait celle des transportés ou des récidivistes sur laquelle, nous venons de le dire, on ne doit guère compter avec l'organisation administrative actuelle, nous ne pensons pas que la voie côtière puisse être exécutée avant que l'industrie aurifère ait augmenté considérablement les revenus coloniaux.

Il y aura lieu également de songer à créer des voies de transport dans l'intérieur : une des premières qui s'imposent est une route terrestre entre les deux riches bassins de la Mana et du Sinnamary, qui paraissent d'ailleurs n'être séparés jusqu'à la zone filonienne que par un plateau d'accès facile. Cette route, qui pourrait ensuite être reliée aux mines des deux bassins par des voies latérales suivant le cours de leurs affluents, aurait l'avantage de desservir, tant sur la Mana que sur le Sinnamary, un grand nombre d'exploitations encore aujourd'hui alluvionnaires, mais qui ne tarderont pas, à l'exemple de la Compagnie générale de la Mana, à devenir filoniennes.

(1) Les petits bateaux voiliers qui font les transports sur la côte vont généralement de Cayenne au Maroni : la distance est environ de 200 kilomètres en 36 ou 48 heures avec un vent favorable, mais restent quelquefois, pour faire ce même trajet, 4, 6 et jusqu'à 12 jours en mer ; en outre, il est dangereux, surtout à marée basse, de naviguer trop près des côtes, à cause des récifs et des bancs de sable qui bordent aussi les passes situées aux embouchures des rivières.

Toutes ces grandes voies ne sauraient être entreprises pour l'agriculture seule, dont les bénéfices d'exploitation peuvent être plus durabel est moins aléatoires que ceux de l'industrie des mines, mais ne sont pas en général assez considérables pour motiver la formation de grandes Compagnies disposant de capitaux énormes.

De leur côté, les Compagnies minières auront certainement besoin d'assurer à leurs établissements le ravitaillement rapide et régulier que les voies fluviales, avec les canots ou les chaloupes à vapeur, ne peuvent leur procurer en toute saison, et elles ne tarderont pas, ainsi que nous l'avons recommandé, à créer d'abord des routes de mulets, les seules dont l'exécution et l'entretien nous semblent compatibles avec les ressources des Compagnies naissantes. Une voie ferrée, en effet, bien établie en vue d'un fonctionnement régulier, ne coûterait pas moins de 20.000 francs par kilomètre (1), devrait avoir souvent de 50 à 100 kilomètres de longueur et, par conséquent, exigerait une dépense première totale d'au moins un à deux millions de francs. Nous ne croyons pas que ce mode de transport puisse être utilement appliqué de longtemps par les Compagnies isolées ; et l'intervention gouvernementale ou, comme au Caratal, la réunion de plusieurs Compagnies voisines établies sur le même bassin, pourraient seules, à notre avis, faciliter la création de grandes voies ferrées.

Nous avons parlé plus haut de *l'application des ballons dirigeables* comme d'une solution très possible dans un avenir prochain, et qui contribuerait au moins à retarder le développement de ces dernières

---

(1) A *priori*, ce chiffre peut paraître exagéré, mais il faut tenir compte de la nécessité de déboiser, sur tout le parcours, au moins 20 mètres de part et d'autre de la voie, pour mettre celle-ci à l'abri de la chute des grands arbres. Nous pouvons dès lors estimer ainsi le prix de revient par kilomètre de voie :

Achat et transport sur les lieux des rails et accessoires.	6 à 8.000 fr.
Installation de la voie et déboisements latéraux..	5 à 6.000 »
Ouvrages divers ponts, déblais ou remblais	7 à 4.000 »
Pour dépenses imprévues.	2.000 »
Total.	20.000 fr.

soit un prix total moyen de 20.000 francs. Nous croyons qu'en procédant à l'installation plus économiquement, on ne pourrait établir qu'une voie ferrée dont l'entretien serait encore plus onéreux et sur laquelle les accidents pourraient occasionner des retards très préjudiciables.

voies. Nous sommes, en outre, convaincu que, moyennant une dépense de quelques centaines de mille francs, on pourrait assurer par les ballons un transport régulier et presque journalier d'au moins une tonne ; c'est-à-dire que cette solution, plus sûre et plus rapide, en raison de la forêt vierge et des vents alizés, serait aussi plus économique que celle des voies ferrées, notamment sur de grandes distances. Et nous ne faisons même pas intervenir dans la comparaison la suppression, entraînée par la navigation aérienne, des établissements intermédiaires que les diverses Compagnies possèdent et doivent entretenir à grands frais, soit dans les quartiers, soit aux embouchures des affluents sur les grandes rivières.

D'ailleurs, mettant à part la voie aérienne, qui, pour le moment du moins, ne nous semble devoir profiter qu'à l'industrie minière, nous pouvons espérer que les autres voies, côtière et intérieure, par eau ou par terre, s'établiront toujours, dans un avenir plus ou moins éloigné, et rendront service avant tout aux mines, mais par suite aussi à l'agriculture, dont les produits, qu'ils proviennent des terres basses ou des terres hautes, trouveront un débouché facile.

Richesse minérale et prospérité agricole. — Nous voyons déjà, par la création des voies de transport, l'industrie agricole profiter des dépenses premières que les Compagnies peuvent faire plus aisément, en raison des bénéfices plus considérables qu'elles sont en droit d'espérer. Mais l'influence de la richesse minérale sur la prospérité agricole ne résulte pas seulement de ce premier rapport. C'est pour mieux faire ressortir cette influence que nous résumons ici les principales conséquences de l'exploitation filonienne qui sont appelées à devenir autant de causes du relèvement de l'exploitation agricole dans la Guyane française.

D'une part, l'industrie aurifère, qui emploie dans ses moteurs le bois pour combustible, sera obligée de procéder autour de ses établissements, à d'immenses déboisements dont l'emplacement fournira un champ tout préparé pour la culture. Et nous devons faire observer, en outre, que ces déboisements, aussi bien que les grandes voies de communication, en augmentant les conditions de salubrité du pays, favoriseront l'immigration en Guyane, tant pour les travaux de mines que pour les travaux agricoles, et, par suite, contribueront à procurer à ces derniers les trois principaux éléments : le *sol*, la *main-d'œuvre* et les *débouchés*.

D'autre part, les Compagnies de mines seront directement intéressées à favoriser un grand nombre de cultures sur leurs établissements et dans toute la colonie ; car en premier lieu, soit par la production de comestibles tels que les légumes ou les céréales, soit par l'élève du bétail sur les pâturages, elles pourront réaliser de sérieuses économies sur la nourriture de leur personnel; et en second lieu, grâce à ces mêmes pâturages ou aux cultures fourragères, elles seront à même de se procurer et de conserver un auxiliaire très utile pour le roulage des minerais aussi bien que pour les grands transports, à savoir des animaux de trait, ânes, mulets ou bœufs qui actuellement ne trouvent pas leur nourriture dans la forêt vierge.

Enfin, ces mêmes Compagnies doivent apporter, pour leur installation dans la colonie, aussi bien que comme fonds de roulement, de grands capitaux dont une partie notable restera nécessairement entre les mains des habitants du pays; ce qui pourra permettre à ces derniers de faire les premiers frais d'établissements agricoles. Un pareil placement de capital peut paraître *a priori* fort peu avantageux dans un centre de production aurifère; mais cependant, nous ne doutons pas que beaucoup de Cayennais et même d'étrangers, comprenant leurs véritables intérêts, cherchent à accroître une fortune modeste de préférence par l'industrie agricole, c'est-à-dire plus lentement, il est vrai, mais aussi avec beaucoup moins de risques, que par toute participation de capital aux entreprises de l'industrie minière.

CONCLUSION

L'influence d'une richesse minière présentant un caractère durable sur la prospérité agricole nous semble suffisamment établie par les considérations qui précèdent ; et bien qu'elle ne doive pas se faire sentir immédiatement, même d'ici à plusieurs années, l'avenir de l'agriculture en Guyane française n'en sera pas moins assuré à partir du jour très prochain où l'exploitation filonienne aurifère aura pris son essor.

Le *Venezuela* n'offre pas, à la vérité, d'exemple de cette influence : nous attribuons ce fait soit à une administration politique plus ou moins défectueuse, soit surtout à la distance de plus de 250 kilomètres qui sépare la mer et l'Orénoque du district minier, encore privé par là de débouchés faciles.

Mais la *Californie*, où l'exploitation hydraulique des anciens dépôts d'alluvions présente seule un caractère aussi durable que l'exploitation filonienne, n'a pas tardé à devenir un pays de grande production agricole.

Or, la *Guyane française* est aussi bien, sinon mieux située que la Californie pour la facilité des débouchés ; et son insalubrité relative, qui s'atténuera de plus en plus, au fur et à mesure des grands déboisements, n'est-elle pas d'ailleurs compensée par une plus grande fertilité ? Quoi qu'il en soit, à côté d'alluvions, peu puis-

santes et peu étendues, il est vrai, la Guyane possède, au centre
même de son territoire, des gisements filoniens dont la grande
richesse n'est plus douteuse pour quelques-uns et pour un plus
grand nombre est très probable, et dont l'exploitation est appelée
à durer de longues années.

En résumé, nous avons tout lieu de croire à l'avenir minier et agricole de la Guyane française ; et en réunissant dans ce travail toutes
nos observations de nature à faciliter et vulgariser en quelque sorte
la recherche des filons aurifères, nous avons voulu contribuer pour
notre part, non pas seulement au développement de l'exploitation
de l'or, mais, d'une manière plus générale, au relèvement, dans cette
colonie, de l'industrie agricole par l'industrie filonienne aurifère.

TABLE DES MATIÈRES